植物の生きる「しくみ」にまつわる66題

はじまりから終活まで、
クイズで納得の生き方

田中 修

SB Creative

著者プロフィール

田中 修(たなか おさむ)

1947年、京都府生まれ。京都大学農学部卒業、京都大学農学研究科博士課程修了。その後、スミソニアン研究所博士研究員、甲南大学理工学部教授などを経て、現在、甲南大学特別客員教授。著書に『植物はすごい』『雑草のはなし』(ともに中公新書)、『植物のあっぱれな生き方』(幻冬舎新書)、『植物は人類最強の相棒である』(PHP新書)、『植物のかしこい生き方』(SB新書)、『入門たのしい植物学』(ブルーバックス)、『植物学「超」入門』『葉っぱのふしぎ』(ともにサイエンス・アイ新書)などがある。

本文デザイン・アートディレクション:クニメディア株式会社
イラスト:高村かい
校正:曽根信寿、青山典裕

はじめに

植物たちは、毎年、季節の流れに合わせて生涯の営みを続けています。私たちは、植物たちが示す、季節ごとの現象を見慣れているために、その意味を深く考えることはありません。

でも、「なぜ、葉っぱは緑色に見えるのか」とか、「なぜ、春に、多くの植物が花を咲かせるのか」とか、「なぜ、冬に緑の葉っぱで過ごす植物は、枯れずにいられるのか」などと、改めて考えてみると、植物たちが生きていくために身につけている工夫やしくみが見えてきます。

それらを知ると、私たちが抱いている印象とは少し違った、植物の一面や季節の顔が見えてきます。

たとえば、春は、多くの植物にとって、発芽の季節であり、多くの木々にとっては、ツボミを開花させ、葉を展開させる芽吹きの季節です。つまり、春に続く夏から秋に向けての“はじまりの季節”です。春は、私たちにとっても、入学式や入社式が行われ、希望に満ちた、“新しい生活のはじまりの季節”です。植物にとっても、私たちにとっても、“はじまりの季節”なのです。

しかし、そのような植物たちばかりではありません。

きれいな花を咲かせ、私たちに春の訪れを告げてくれる植物たちの中には、タネをつくり、夏の暑さに向かって姿を消していくものも多くいます。それらの植物にとっては、春は、生涯の終わりの季節であり、“終活の季節”といえるでしょう。

夏は、植物たちにとって、灼熱の太陽に照らされ、猛暑や水不足などと戦っている季節です。夏の畑などを見ていると、葉をぐったりとさせているものがいます。夏は、“ストレスとの戦いの季節”です。

私たちにとっても、夏は、猛暑に苦しみ、熱中症との戦いのような季節です。私たち人間だけでなく、ペットも暑さの中で、熱中症のような症状に陥ります。

しかし、夏に育つ植物たちの原産地に目を向けてみると、熱帯やアフリカ、東南アジアなど、暑い地域の出身のものが多くいます。それらは、祖先たちの生まれ故郷に思いをはせて、暑さの中で、喜んで、命の営みを続けているはずです。それらの植物にとっては、夏は暑いからこそ、価値がある季節なのです。

実りの季節というと、秋を思い浮かべがちですが、多くの植物が、夏に、果実を実らせています。畑や家庭菜園では、ナス、トマト、キュウリ、ゴーヤー、ピーマン、カボチャなど、多くの野菜が実っています。それらの植物にとっては、夏は“実りの季節”なのです。

秋は、木枯らしが吹き、落ち葉、枯れ葉が目立ち、さびしく感じられる季節です。多くの植物たちにとって、タネ（子孫）を残し、次の世代に命を託して、生涯を閉じる季節です。また、私たちは、黄葉や紅葉を愛でても、それらが枯れ落ちる前の姿であることを知っており、心がわびしくなる“終わりの季節”です。

私たちにとって、秋は、“収穫の季節”です。だから、実りをもたらす植物たちに、“感謝する季節”です。

しかし、植物にとっては、秋は、翌年の春の営みを見すえて、冬の寒さに打ち勝つ準備をしている季節でもあるのです。越冬芽（えっとうが）の中に春に展開する芽を包み込むもの、次に訪れる寒い冬にも緑を保ち続けるための準備をしているものなど、それぞれの植物にとって、春の開花に向けて最も大切な“準備の季節”なのです。

冬には、多くの植物はじっとしてほとんど成長しません。植物たちにとって、冬は、寒さでかじかんでいるだけの“寒さに耐える季節”に見えます。

私たちにとっても、冬は、寒さをしのぎ、ともすれば、暖かい室内に閉じこもりがちになる季節です。とりあえず、風邪をひかないように耐えしのいで、過ぎ去るのを待つような季節です。

しかし、自然の中で、寒さにさらされることで、春を迎える準備を進めている植物は多くいます。この寒さを体感しないと春が来ても、芽も出せない、葉っぱも展開できない、花を咲かせることもできない植物が多くいるのです。

それらの植物にとっては、冬の厳しい寒さこそが、春にひと花咲かせるために必要なのです。何の準備もなしに、暖かい気候になったからといって、発芽し、芽を吹き、ひと花咲かせることはできません。春にひと花咲かせるためには、準備が必要です。冬は、“準備の季節”であり、飛び立つ春を迎えるための、“踏切台となる季節”なのです。

植物たちは、それぞれの季節に象徴的な現象を見せてくれます。本書では、春、夏、秋、冬の順に、それぞれの季節に見られる営みについて出題しました。

季節ごとの植物の営みの意味を問い、そのしくみや意義を知ることで、植物の生涯を季節の流れとともに理解できることを願っています。植物たちが行っている営みの裏に潜む工夫やしくみを知って、植物たちの一生懸命な生き方を理解していただけたら嬉しいです。

正解として紹介されたものについて、「そうでもない」とか、「このような場合もあるではないか」と思われることがあるかもしれません。そのような場合、どのようなものにも例外的なものがあるので、最も適切なものを正解として紹介しているとお考えください。

最後に、原稿をお読みくださり、貴重なご意見をくださった（国研）農研機構本部企画戦略本部研究推進部プロジェクト獲得推進室 アキリ亘博士（理学）と、企画から出版に至るまでご丁寧にお世話くださった編集者、田上理香子氏に心から感謝の意を表します。

2019年5月　田中 修

春のヒント

- ☑ 春ははじまりで、終わりの季節
- ☑ 一族郎党が全滅しないための工夫はある
- ☑ タネはチャンスを待っている
- ☑ 葉っぱは光を見分けられる

夏のヒント

- ☑ 暑さに強い植物の多くは、暑い地方出身
- ☑ 葉っぱが汗をかくのには、意味がある
- ☑ 活性酸素は、人間にも植物にも有害
- ☑ 土地を奪い合わずに生きるすべがある

秋のヒント

- ☑ 黄葉と紅葉は、しくみが違う
- ☑ 引き際を悟る葉っぱがある
- ☑ あの手この手で、寒い冬をやり過ごす
- ☑ 春咲きの球根は用心深い

冬のヒント

- ☑ 冬は、寒さに凍（こご）えるだけの季節ではない
- ☑ 一つの現象に、2段階のしくみが働くことがある
- ☑ 切り花は呼吸をしている
- ☑ サクラ開花の陰には、1年がかりの努力がある

植物の生きる「しくみ」にまつわる66題

はじまりから終活まで、クイズで納得の生き方

CONTENTS

CONTENTS

秋の章 …………………………………………………… 110

CONTENTS

1 多くの植物たちは、季節を決めて花を咲かせる営みを、毎年、規則正しく繰り返しています。春になると、多くの草花が、暖かい季節の訪れを待ちわびていたかのように、花を咲かせます。**なぜ、多くの草花は、春に花を咲かせるのでしょうか？**

A ハチやチョウチョなどの虫が活動を始めるから
B 暑い夏が近づいているから
C 寒い冬が過ぎたから

（正解と解説は、16ページ）

2 遠い昔から、自然の中で、それぞれの種類の植物たちが花を咲かせる季節は決まっています。**春に花咲く草花は、何を目印に春の訪れを知るのでしょうか？**

A ハチやチョウチョなどの虫が活動を始めることで知る
B 暖かくなってくることで知る
C 昼が長くなり、夜が短くなってくることで知る

（正解と解説は、18ページ）

3 多くの植物では、タネが発芽したあと、芽生えが成長して葉っぱが茂り、やがて花が咲きます。では、**葉っぱが１枚も出ていないのに、花が咲く植物はあるでしょうか？**

A そのような植物は、あるはずがない
B まだ見つかっていないが、存在する可能性がある
C 特にめずらしくなく、そのような植物は多くある

（正解と解説は、20ページ）

1

なぜ、多くの草花は、春に花を咲かせるのでしょうか？

正解 *B* 暑い夏が近づいているから

多くの草花が、春に、花を咲かせます。その意味を深く考えなければ、「ハチやチョウチョなどの虫が活動を始めるから」とか「寒い冬が過ぎて、ちょうどいい気温になってきたから」のように思われがちです。

でも、「草花が花を咲かせるのは、何のためか」と考えると、それは、タネをつくるためです。ですから、「なぜ、多くの草花が春に花を咲かせるのか」という疑問は、「なぜ、多くの草花が春にタネをつくるのか」という疑問に置き換えられます。

タネには、大切な役割がいろいろあります。その中の一つは、不都合な環境に耐えて生きのびることです。**タネは、植物の姿では耐えられない、暑さや寒さ、乾燥などの不都合な環境を耐え忍ぶ力をもっている**のです。

暑さに弱い草花たちにとって、毎年訪れる不都合な条件は、夏の暑さです。そのため、生きづらい夏をタネの形で過ごすために、春にツボミをつくって花を咲かせ、タネをつくり、姿を消していきます。ですから、多くの草花が、春に花を咲かせるのです。

夏には、緑の植物が多いので、姿を消した植物が目立ちません。しかし、ナノハナやチューリップ、カーネーションなど、春に花を咲かせていた多くの草花の姿を、夏に見ることはできません。

春は、多くのタネが発芽し、木々の芽が萌(も)え、生命活動が始まる季節のような印象があります。しかし、春に花咲く草花たちにとっては、花を咲かせることは、生涯の終わりとなる活動、すなわち"終活"に当たります。これらの植物にとっては、「**春は、終活の季節**」なのです。

ハチやチョウチョと戯(たわむ)れている様子からは想像しがたいですが、春は、タネ(子孫)を残して、多くの草花が、姿を消す季節でもあるのです。それらの植物たちにとって、春というのは、**暖かい陽気に浮かれている季節ではない**のです。

図　春に"終活"を迎える植物たち

ナノハナ(左上)、ホウレンソウ(右上)、ドクダミ(左下)、カーネーション(右下)

2 春に花咲く草花は、何を目印に春の訪れを知るのでしょうか？

正解 C 昼が長くなり、夜が短くなってくることで知る

春が多くの草花にとって、生涯を終える終活の季節だとしても、草花たちも、悲しい気持ちになる必要はないのかもしれません。自分たちでは耐えられない暑い夏をタネの姿で過ごすため、**次の世代を生きる子孫に命をつないでいく季節が春**なのです。

草花が春に花を咲かせるのは、夏の暑さをタネの姿でしのぐためです。もしそうなら、これらの草花は、暑さが訪れる前の季節である春の間に、ツボミをつくり、花を咲かせることになります。

このことを知ると、大きな疑問が浮かんできます。「春に花咲く草花は、**春の間に前もって、もうすぐ暑くなることを知っているのか**」という疑問です。

図　夏前にタネをつけ始めるナノハナ

その答えは、「知っている」です。その答えを知ると、次の質問は決まってきます。「何によって、そのような草花は、夏の暑さの訪れを前もって知るのか」というものです。その答えは、「**葉っぱが、夜の長さをはかる**ことによって」です。

次の疑問は、「夜の長

さをはかれば、暑さの訪れが前もってわかるのか」というものです。その答えは、「わかる」です。夜の長さと、気温の変化の関係を考えてみてください。

12月下旬の冬至を過ぎると、夜がだんだんと短くなり始めます。夜が最も短くなるのは、夏至の日です。この日は、6月の下旬です。それに対し、最も暑いのは8月です。夜の長さの変化は、気温の変化より、約2か月先行しているのです（下図）。

ですから、草花たちは、葉っぱで夜の長さをはかることによって、暑さの訪れを、約2か月前に知ることができるのです。問題の正解は、「昼が長くなり、夜が短くなってくることで知る」ですが、「昼と夜のどちらの長さが大切なのか」との疑問が残ります。植物が季節を知るために**大切なのは、昼の長さより、夜の長さ**であることがわかっています。

図　1年間の昼と夜の長さの変化と気温の変化

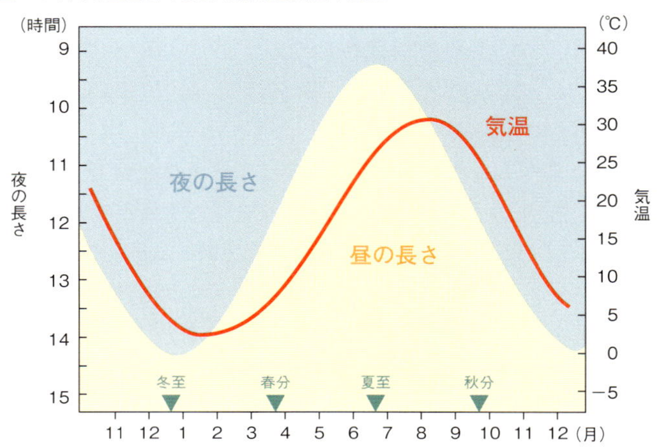

3 葉っぱが１枚も出ていないのに、花が咲く植物はあるでしょうか？

正解 **C** 特にめずらしくなく、そのような植物は多くある

春、葉っぱが出る前に花が咲く樹木は、ウメ、モモ、コブシ、モクレンなど、多くあります。だから、正解は、「C」です。

多くの植物では、葉っぱが茂（しげ）ったあとに、花が咲きます。なぜ、多くの植物では、葉っぱが茂ったあとで、花が咲くのでしょうか。ふつうは、花が咲いたあと、タネや実はつくられるのです。その栄養は、葉っぱでつくられます。そのため、花が咲くより前に葉っぱが出て、栄養をつくり、蓄えるのです。

ということは、花が咲いたあと、タネをつくるための栄養をもっている植物は、葉っぱが出るより前に花を咲かせることができるのです。春に花咲く樹木は、幹や枝や根に栄養を蓄えています。

たとえば、**多くのサクラでは、葉っぱが出るより前に、花が咲きます**。その代表は、ソメイヨシノです。この木には、春には、葉っぱを包み込んだ芽と、ツボミを包み込んだ芽の2種類の芽があります。花が先に咲くのは、ツボミを包み込んだ芽が、葉っぱを包み込んだ芽より、低い温度で早く成長するからです。

この性質が、「サクラ鍋」という鍋料理にウマの肉が使われる理由を、説明してくれます。競馬の微妙な着順差を示すとき、頭と首の長さだけの差は「アタマ差」や「クビ差」などといわれます。首差もないときには、「ハナ差」といわれます。ウマの鼻の分だけの差という意味です。

ハナ差という表現が使われるのは、ウマでは、鼻が口より前にあり、ゴール板を一番に通過するのは、鼻だからです。つまり、ウマの顔では、鼻が口の中の歯より前に出ているのです。

ウマとサクラでは、「鼻（花）が、歯（葉）より前に出る」ということが共通しているのです。これが、ウマの肉がサクラ鍋にふさわしい理由といわれます。

図　ソメイヨシノの芽の断面

左が葉っぱを包み込んだ芽、右がツボミを包み込んだ芽。ツボミを包み込んだ芽の方が、低い温度で早く成長します　写真：NNP

4

春になると、多くの樹木が、暖かい季節の訪れを待ちわびていたかのように、花を咲かせます。花が咲く前に、ツボミはつくられているはずです。さて、**春に花を咲かせる樹木は、いつ、ツボミをつくるのでしょうか？**

A　前の年の花が咲いてすぐ、夏ごろ

B　花が咲く3か月ほど前、寒い冬

C　花が咲く1か月ほど前、暖かくなり始めるころ

（正解と解説は、24ページ）

図　サクラの開花宣言に使われる木の例

東京管区気象台が標本木としている、靖国神社（東京都千代田区）のソメイヨシノ

5 マツやスギ、イチョウなどは、花びらのない花を咲かせる植物で、「裸子植物」といわれます。これから進化したのが「被子植物」で、この仲間の花として、きれいで目立つ色の花びらがあるものがよく知られています。では、**花びらのない花を咲かせる被子植物はあるでしょうか？**

A そのような植物はない
B 結構めずらしく、ふつうは日本で見られない
C 特にめずらしくなく、そのような植物は多くある

（正解と解説は、26ページ）

6 花が咲けば、タネができます。特に木は、何年も生き、ほぼ毎年、花を咲かせ、タネをつくります。「木が花を咲かせるのは、タネをつくるため」といっても言い過ぎではありません。では、**花は咲くのに、タネができない木はあるでしょうか？**

A そのような木はあったが、絶滅してしまった
B めずらしいけれども、本気で探せば見つかる可能性がある
C そのような木は、身近に多く育っている

（正解と解説は、28ページ）

4

春に花を咲かせる樹木は、いつ、ツボミをつくるのでしょうか？

正解 *A* 前の年の花が咲いてすぐ、夏ごろ

春に花を咲かせる樹木には、モクレン、ウメ、モモ、ハナミズキなど、多くあります。春に花咲く樹木のほとんどは、右ページに示したように、開花する前の年の夏から秋までにツボミをつくります。

たとえば、サクラのツボミは、開花する前の年の夏、7～8月につくられます。春に咲く花のツボミが、花咲く前の年の夏にできるというのは、サクラだけに限っためずらしい性質ではありません。

では、「なぜ、夏にできたツボミがそのまま成長して秋に花が咲かないのか」という疑問があります。もし秋に花が咲いたとしたら、やがてやってくる冬の寒さのために、タネはつくられず、子孫が残りません。もしそうなら、種族は滅んでしまいます。

そこで、このような樹木は、せっかくつくったツボミを無駄にしないために、秋に、「越冬芽」をつくります。越冬芽は、「冬芽」ともよばれ、冬の寒さに耐えるためにつくられる芽です。**ツボミは、越冬芽の中に包み込まれて、冬の寒さに耐え、春を待つ**のです（21ページの図）。

「秋に花が咲くと、やがてやってくる冬の寒さのために、タネはつくられず、子孫が残らない」というと、「キクやコスモスなどは、夏から初秋にかけて、ツボミをつくり、秋に花を咲かせるではないか」との疑問が浮かびます。**キクやコスモスなどは、花を咲**

かせてタネをつくるまでの期間が短いのです。そのため、秋に花を咲かせても、冬の寒さがくるまでに、タネをつくり終え、子孫を残すことができるのです。

モクレン、ウメ、モモ、ハナミズキなどは、春に花を咲かせると、もてはやされます。しかし、これらの樹木でも、サクラと同じように、開花の準備は、前の年の花の季節が終わると、すぐに始まっているのです。**春に花咲く花木類は、ほぼ1年も前から開花の準備をしている**のです。

表　春に花を咲かせる樹木と、ツボミができる時期

樹木名	ツボミができる時期
モクレン	5月中旬
サクラ	7月上旬
サツキツツジ	7月上旬
ウメ	7月下旬
モモ	8月上旬
ハナミズキ	9月上旬

5 花びらのない花を咲かせる被子植物はあるでしょうか?

正解 C 特にめずらしくなく、そのような植物は多くある

きれいで目立つ色の花びらをもつ被子植物の種類は、いろいろあります。それらの植物たちは、その特徴から、よく似たもの同士が仲間として分けられます。多くの被子植物が属する仲間のグループは、よく知られているもので、バラ科、キク科、マメ科などです。

バラ科の植物は、サクラ、ウメ、モモなどです。キク科の植物は、タンポポ、ヒマワリ、コスモスなどです。これらの花はよく知られた、きれいな色の花びらをもっています。マメ科の植物は、ダイズ、ラッカセイ、インゲンマメなどで、花が少し小さめですが、その色や姿は美しいものです。

バラ科、キク科、マメ科などの花は、ハチやチョウチョを誘うための魅力を備えています。その魅力の一つとして、これらの花には、きれいな色の花びらがあるのです。ところが、**花びらのない花を咲かせる被子植物の仲間は、これら三つの仲間に優るとも劣らぬ、大きなグループ**なのです。

「大きなグループかもしれないが、そのような植物は多くのタネを結実しないのではないのか」との疑問がおこります。でも、そんなことはありません。「私たち人間は、それらの植物のタネに依存して生きている」といっても過言ではありません。

私たちが主食としている「三大穀物」のタネは、これらの植物たちによってつくられたものなのです。三大穀物とは、イネ、コム

ギ、トウモロコシで、これらはイネ科の植物です。

オオムギ、サトウキビ、タケやササ、ヒエ、アワ、キビ、シバ、ススキ、エノコログサなど、イネ科の植物は多くあります。イネ科の植物は、バラ科、キク科、マメ科とともに、最も繁栄している被子植物の仲間です。

イネ科の植物は、虫の眼にとまりやすい花びらをもたないのですから、虫を誘い込む花びらをもつ植物たちとは違った、子孫を残すための手段をもっています。それは、**花粉の移動をハチやチョウチョなどではなく、風に託している**のです。

図　花の基本的な構造（模式図）

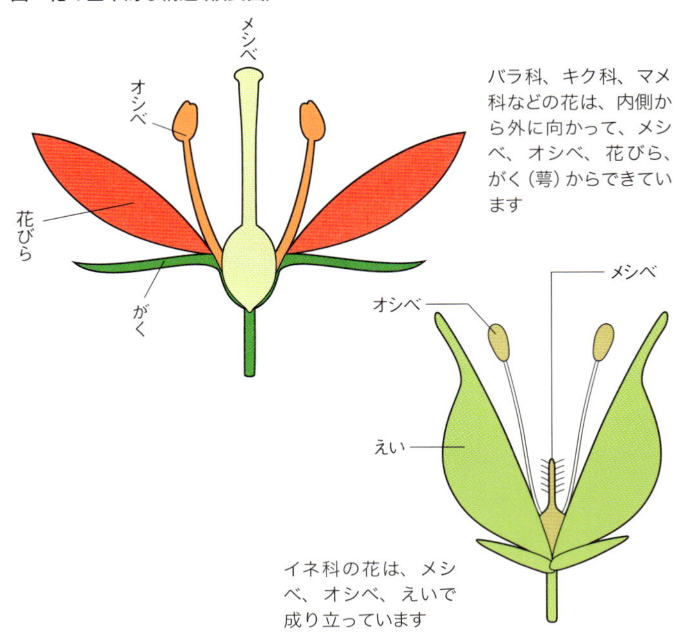

6

花は咲くのに、タネができない木はあるでしょうか？

正解 C　そのような木は、身近に多く育っている

花を咲かせても、タネをつくらないタネナシの植物はいろいろあり、その原因もさまざまです。その中の一つで、ごく身近に、「花が咲くのに、タネができない」と不思議がられる植物のグループがあります。雄花だけを咲かせる雄株と、雌花だけを咲かせる雌株に分かれている「雌雄異株」とよばれる植物たちです。

これらには、イチョウ、サンショウ、キウイ、ホウレンソウ、アスパラガスなどがあります。たとえば、イチョウは、雌株には、タネであるギンナンができますが、**雄株には、花が咲いても、タネはできることがありません**。

その場合、「タネが片方にしかできない」という不利益が考えられます。「一つの花に、オシベとメシベがあれば、そんな不利益はないのに、なぜ、雄株、雌株に分かれているのか」との疑問が浮かびます。

多くの植物の花の中には、オシベとメシベの両方があります。しかし、これらの植物でも、「自分の花粉を同じ花の中にある自分のメシベにつけてタネをつくる」という「自家受粉」でタネ（子孫）をつくることを望んでいないものが多いのです。

もし自分が「ある病気に弱い」という性質をもっている場合、その性質は、自家受粉ならそのまま子どもに受け継がれます。そのため、**自家受粉でタネをつくり続けていると、一族郎党がその病気に弱くなり、その病気が流行れば、一族郎党が全滅する可**

能性があります。自家受粉でタネをつくるのは、子孫の繁栄につながらないことがあるのです。

植物でも、動物でも、オスとメスに性が分かれた生殖の意義は、オスとメスがからだを合体させることによってお互いの性質を混ぜ合わせ、いろいろな性質の子孫をつくることです。雌雄異株の植物では、雄株の個体のもつ性質と雌株の個体のもつ性質が混ぜ合わされて、いろいろな性質の子どもが生まれます。

いろいろな性質の子どもがいれば、さまざまな環境の中で、子どものどれかは生き残ることができるからです。

表　種子植物の性

両性花（オシベとメシベをもつ花）を咲かせる植物

→アサガオ、ユリ、キキョウ、ホウセンカ、モクレン、コブシ、オシロイバナなど

雌雄同株の植物（雄花と雌花を一つの株につける植物）

→キュウリ、ゴーヤー、スイカ、カボチャ、スギ、マツ、クリ、トウモロコシ、ベゴニア、ギシギシなど

雌雄異株の植物（雄花と雌花を別々の株につける植物）

→イチョウ、サンショウ、キウイ、クワ、アオキ、ヤナギ、イタドリ、アスパラガス、ホウレンソウ、フキノトウなど

イチョウの雄花

イチョウの芽吹きと雌花

イチョウのギンナン

7 「花粉がメシベの先端につくと、タネができる」といわれます。しかし、タネは、メシベの先端にはできず、メシベの根元である基部にできます。**なぜ、タネはメシベの基部にできるのでしょうか？**

A 虫が、蜜に近いメシベの基部に花粉をつけるから
B 花粉の中にある動物の精子に当たる精細胞が、メシベの先端から基部にある卵細胞へ向かって自分で泳いでいくから
C メシベの先端についた花粉から管が伸びて、その中を精細胞が卵細胞のあるメシベの基部に移動していくから

（正解と解説は、32ページ）

8 植物には、「自分の花粉を自分のメシベにつけても、タネをつくらない」という性質をもつものがあり、多くの果樹はその性質をもっています。ところで、果樹園では、他の品種の花粉を人間がつける「人工受粉」というのが行われます。**なぜ、人工受粉では、他の品種の花粉をつけるのでしょうか？**

A 他の品種の花粉をつけると、早く収穫できるから
B 甘い品種の花粉をつけると、甘くなるから
C 同じ品種の花粉は、自分の花粉と同じだから

（正解と解説は、34ページ）

9 人工受粉では、他の品種の花粉をつけます。他の品種といっても、ナシやリンゴ、サクランボなどの果樹には、いろいろな品種があります。**人工受粉に使う花粉の品種により、果実の味は変わるでしょうか？**

A 品種により変わる
B 変わらない
C 性質の強さにより、一概にはいえない

（正解と解説は、36ページ）

図　ナシの人工受粉の様子

7 なぜ、タネはメシベの基部にできるのでしょうか？

正解 **C** **メシベの先端についた花粉から管が伸びて、その中を精細胞が卵細胞のあるメシベの基部に移動していくから**

多くの植物の生殖では、動物の場合と同じように、メシベのもつ「卵細胞」と花粉の中にあるオスの「精細胞（動物の精子に当たるもの）」が合体して、子孫（タネ）が生まれます。

卵細胞は長いメシベの先端ではなく、メシベの基部にあります。だから、メシベの先端（「柱頭」とよばれる）についた花粉の中にあるオスの精細胞は、卵細胞と合体するためには、メシベの基部まで行きつかねばなりません。

動物の場合、精子は鞭毛（べんもう）をもっており、自分自身で泳ぐように卵細胞に行きつくことができます。**しかし、植物の花粉の中にある精子に当たる精細胞は、自分自身で泳いで卵細胞に行きつく能力をもちません**。

ということは、花粉がメシベの上についても、タネができるためには、卵細胞にまで精細胞がたどりつく方法がなければなりません。何かが卵細胞まで精細胞を導かないといけないのです。

そこで、花粉は、メシベの上についたら、「花粉管」という管を伸ばします。花粉管がメシベの基部にある卵細胞のごく傍らまで伸び、その中で精細胞を移動させて卵細胞にたどりつかせるのです。そこでやっと精細胞は卵細胞と合体します。そのため、タネは、卵細胞のある、メシベの基部にできるのです。

図　花粉から伸びる花粉管

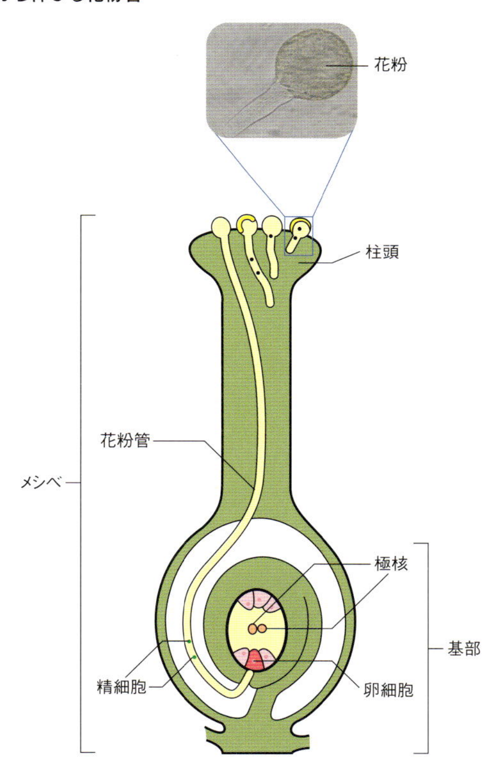

結局、精細胞が卵細胞と合体するためには、花粉から花粉管が伸びなければならないのです。**花粉が柱頭についても花粉管が伸びなければ、タネはできません**。

8

なぜ、人工受粉では、他の品種の花粉をつけるのでしょうか？

正解 C 同じ品種の花粉は、自分の花粉と同じだから

「自分の花粉が自分のメシベについても、タネをつくらない」という性質は、「自家不和合性」とよばれます。この性質を知ると、「人工受粉」に、一つの疑問が浮かびます。

「果樹園には、隣り合って、多くの同じ品種の株があるのだから、自分の花粉では駄目でも、隣の株の花粉でいいのではないのか」というものです。ところが、隣の株の花粉では役に立たないのです。その理由は、どのようにして、同じ品種の株が増やされているかを考えると、わかります。

果樹園では、同じ品種の株が何本あっても、色、形、味、香り、大きさなど、みんな同じ品質の果実をつくらなければなりません。一つの果樹園だけでなく、どこの果樹園で栽培されていても、同じ品種名である限り、色、形、味、香り、大きさなど、みんな同じでなければなりません。だからこそ、消費者は安心して「ブランドの品種」を購入できます。

このような同じ性質の実をならせるために、同じ品種のすべての株は、遺伝的にまったく同じ性質でなければなりません。そのためには、「接（つ）ぎ木」（右ページの図）で増やされなければならないのです。

接ぎ木で増やされた株は、どれも遺伝的にまったく同じ性質です。そのため、同じ品種の株の花粉は、自分の花粉と同じであり、メシベについてもタネはできず、実はなりません。だから、

人工受粉で他の品種の花粉が使われるのです。

なお、自家不和合性という性質は、品種により、その強さの程度に差があります。この性質が強い品種では、1本では実をつけません。弱い品種なら、自分の花粉で実をつけることがあります。

自家不和合性の性質がないか、その程度が極端に弱い品種は、「自家結実性」となります。この場合は、「1本でも、実がなる」ということになります。自家不和合性が弱くて、**「1本でも、実がなる」という品種でも、多くの場合、他の品種の花粉がつくと、多くの実がなります**。

図　接ぎ木の方法

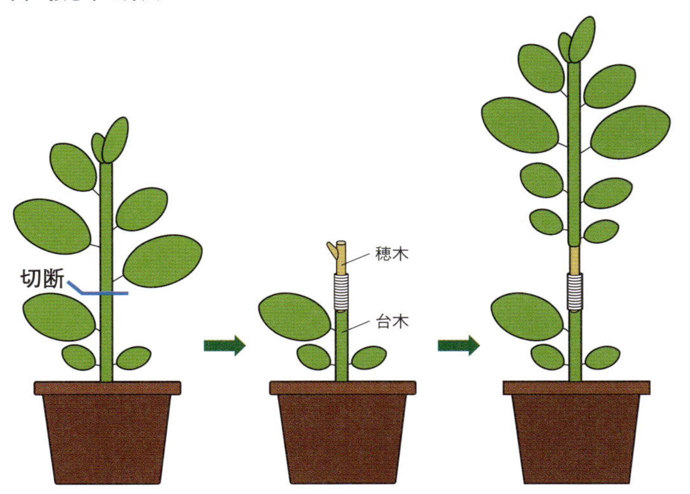

接ぎ木は、2本の株を1本につなげてしまう技術です。台木となる植物の茎や枝に割れ目を入れて、穂木とよばれる別の株の茎や枝をそこに挿し込んで癒着させます

9 人工受粉に使う花粉の品種により、果実の味は変わるでしょうか？

正解 **B** 変わらない

人工受粉では、他の品種の花粉をつけます。ナシやリンゴ、サクランボなどの果樹には、いろいろな品種があります。そのため、「人工受粉させる花粉の品種によって、実の味は変わらないのか」との疑問がもたれます。

たとえば、「リンゴの『ふじ』の場合なら、『つがる』という品種の花粉をつけるのと『王林』という品種の花粉をつける場合で、『ふじ』の味は変わらないか」という疑問です。

リンゴでは、実の中央にある芯の部分に、タネがあります。人工受粉した花粉の性質は、そのタネの中に入ります。**しかし、食べる部分は、タネとは関係なく、花を支えていた花托（かたく）という部分が膨らんだもの**です。この部分には、花粉の中に入っていた性質は、入り込みません。そのため、人工受粉させる花粉の種類によって、実の味は変わりません。

人工受粉で使われた花粉の性質は、実には現れず、タネの中にあるのです。だから、その性質は、そのタネが発芽した芽生えに現れます。このことは、「『ふじ』の中にあったタネをまいても、『ふじ』の実はできないのか」との疑問をもてば、よりよく理解できます。

図 「ふじ」の果実

図　リンゴの花と果実

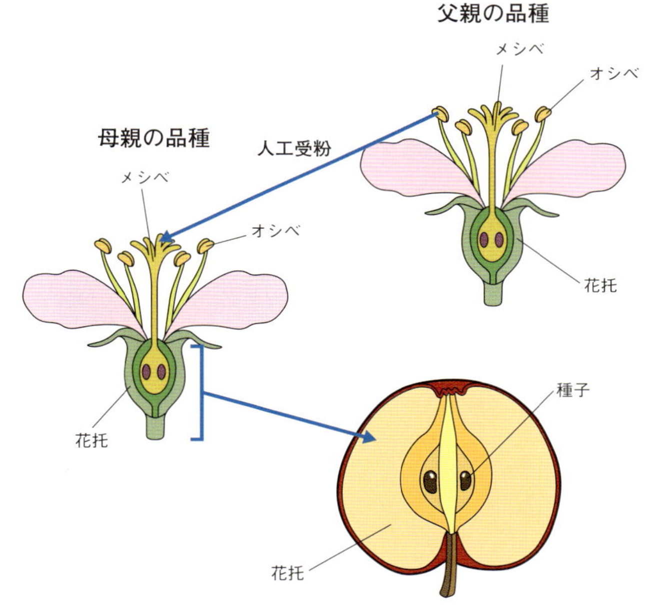

リンゴは自家不和合性ですから、人工受粉した花粉は、別の品種のものです。そのため、できたタネには、両方の品種の性質が混じっています。そのタネから育てた株は、母親と同じではありません

「ふじ」の実に含まれるタネは「ふじ」の木にできたタネですから、母親は「ふじ」です。しかし、花粉をもたらした父親は別の品種です。だから、その子どもであるタネには、両方の品種の性質が混じっています。そのタネから育てた株は、「ふじ」に似ていますが、「ふじ」ではありません。だから、タネをまいて育てても、「ふじ」と同じ実はできません。

10 「タネをまいてないのに、芽が出てくる」といわれることがあります。ほんとうに、**タネをまかないのに、芽が出ることはあるでしょうか？**

A そのようなことは、あるはずがない
B めずらしいけれども、おこる可能性がある
C 特にめずらしくなく、そのようなことは多くおこる

（正解と解説は、40ページ）

11 春に暖かくなってくると、多くの雑草が発芽します。**なぜ、春に多くの雑草が芽を出すのでしょうか？**

A 太陽の光が光合成にちょうど良い強さだから
B もうすぐ夏がきて、光合成がよくできるから
C 厳しい冬の寒さをからだで感じていたから

（正解と解説は、42ページ）

12 私たちは、人生で「芽が出る」と表現できるようなできごとがおこれば、嬉しいです。植物たちにも、芽が出れば、成長し、花が咲き、果実が実ることが期待できます。さて、植物の**発芽を促す物質というのはあるのでしょうか？**

A そのような物質はない
B ジベレリン
C オーキシン
D アブシシン酸

（正解と解説は、44ページ）

10

タネをまかないのに、芽が出ることはあるでしょうか？

正解 C 特にめずらしくなく、そのようなことは多くおこる

昔から、「雑草は、タネをまいていないのに、思わぬ場所で発芽してくる」という印象があったようです。そのため、**昔の人は、「タネをまかなくても、草は、腐った土から、勝手に生えてくる」と思っていた**こともありました。「腐った土」とは、養分を含んだ湿り気のある土を意味しているのでしょう。カラカラに乾燥した土より、草は生えてきそうです。

現在は、何もないところから、植物が生まれないことはよく知られています。ですから、タネがないのに、芽が出てくることはないはずなのですが、実際には、タネをまいていないのに、芽が出てくることは、多くあります。

「タネをまかないのに、生えてくる」という現象には、タネが隠されている場合があります。誰かが隠すわけではなく、結実した**タネには、「思わぬ場所」へ移動する性質がある**からです。

たとえば、タンポポは、花を咲かせたあと、ピンポン玉くらいの綿毛の集まりをつくります。この綿毛の1本に一つのタネがついていて、それぞれが風に乗って飛んでいきます。カタバミは、果実がはじけるときにタネを飛び散らします。オナモミやイノコズチは、タネをもつ果実が動物のからだについて移動し、タネをまき散らします。

また、多くの植物のタネは移動して着地したからといって、その場所ですぐには発芽しません。他の植物の陰になって発芽でき

ないもの、乾燥した場所にいるために水が不足して発芽できないもの、温度が発芽に適していないものなど、さまざまです。タネは、自分に発芽できるチャンスがくるのを、その場所で待ち続けるのです。

このように、多くの**雑草のタネは、至るところにまき散らされて、発芽のチャンスを待ち、チャンスがくれば、機を逃さずに発芽します**。そのため、「タネをまいていないのに、芽が出てくる」という現象がおこるのです。

図　タネが移動する植物

タンポポ（左）、オナモミ（右上）、イノコヅチ（右下）

11 なぜ、春に多くの雑草が芽を出すのでしょうか？

正解 C　厳しい冬の寒さをからだで感じていたから

春になると、多くの種類の雑草のタネが発芽します。冬の間は、雑草が発芽しなかった土地に、多くの芽生えが出てきます。野や畦(あぜ)に、多種多様の雑草が芽を出します。

これらのタネは、冬の間も、同じ場所にいたはずです。それでも発芽しなかったのです。発芽に必要な三つの条件（44ページ）の一つに「適切な温度」があります。だから、寒い冬に発芽しない理由は、「冬の低い温度は、発芽に適切ではないのだ」と考えれば、「タネは、暖かくなると、その暖かい陽気に誘われて、発芽する」と、この現象は容易に理解できます。

そのため、「雑草のタネは、なぜ、春に発芽してくるのか」と質問してみると、「暖かくなったから」という答えが即座に返ってきます。答える人の顔には、「なぜ、そんな当たり前のことをわざわざ質問するのか」という怪訝(けげん)な表情が浮かんでいます。

暖かくなったから発芽してきたことは、事実です。**だから、その答えが間違っているわけではありません**。**でも、その答えでは、何か物足りません**。**なぜなら、タネが春に発芽するために耐えている苦労に触れていないからです**。

春の暖かさで発芽するのなら、結実した秋にすぐに発芽してもおかしくありません。春と秋の温度は、ほぼ同じだからです。でも、秋に発芽すれば、すぐにやってくる冬の寒さのために、芽生えは成長できません。そのため、タネは、寒い冬が通り過ぎたことを確認したあとでなければ、発芽しないのです。

冬の終わりを確認するために、タネは冬の寒さを感じなければなりません。自然の中で春に発芽するタネは、冬に、土の中で寒さを体感しているのです。冬の寒さに耐えながら、発芽する季節の訪れをじっと待つのです。芽を出すためには、耐えねばならない苦労があるものなのです。

解答の選択肢にあった「A　太陽の光が光合成にちょうど良い強さだから」や「B　もうすぐ夏がきて、光合成がよくできるから」も、春に発芽したあとには大切なことです。しかし、その前に厳しい冬の寒さを感じないと、発芽はおこりません。**春という季節におこる多くの現象は、冬の寒さがあってこそおこるものなのです**。

図　低温を受けたリンゴの種子の発芽

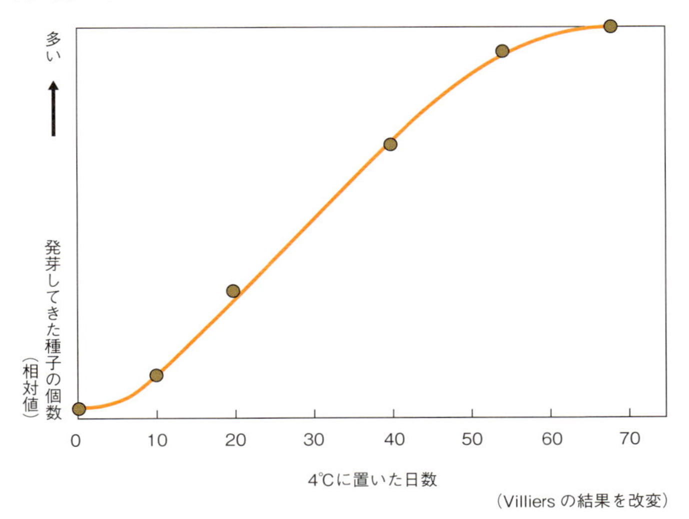

12 発芽を促す物質というのはあるのでしょうか？

正解 ***B*** ジベレリン

タネが**発芽するために必要な三つの条件は、「適切な温度、水、空気（酸素）」**といわれます。ダイズやインゲンマメ、カイワレダイコンなどのタネは、これら三つの条件がそろえば、容易に発芽するからです。

しかし、これらの3条件が与えられても、発芽しないタネは多くあります。たとえば、真っ暗な場所では、発芽しても光合成ができないので生きられないため、多くのタネは発芽しません。秋に結実したタネは、すぐには発芽しません。すぐに発芽すれば、冬の寒さで、生きられないからです。

このように発芽する能力があり、発芽の3条件が与えられても発芽しないタネの状態を、「休眠」といいます。ところが、**ジベレリンという物質は、休眠しているタネを発芽させます**。たとえば、レタスやオオバコなどのタネは、光が当たらなければ、発芽しませんが、ジベレリンを与えると、発芽させることができます。また、ジベレリンは、寒さなしには発芽しないモモ、バラ、リンゴなどのタネを、寒い目にあわさずに発芽させます。

ジベレリンが発芽を促すしくみが、イネ、コムギ、オオムギなどのイネ科の植物でよく知られています。イネ科のタネは、主に三つの部分から成り立っています。芽や根が生まれる「胚（はい）」、デンプンをいっぱい含んだ「胚乳」、胚乳を取り巻く「アリューロン層（糊粉層）」という細胞の層です。

胚乳に含まれるデンプンはアミラーゼという酵素などによって分解されて、ブドウ糖（グルコース）がつくられます。これが、発芽時に芽や根が成長するエネルギーの源になる物質です。このアミラーゼをつくりださせるのが、ジベレリンなのです。

ジベレリンは、胚でつくられます。そこから、アリューロン層に移動し、アミラーゼをつくるよう働きかけます。アリューロン層は、胚乳を取り囲んでおり、そこでつくられたアミラーゼは、デンプンを含む胚乳に分泌されて、働きます。アミラーゼが働けば、デンプンが分解されてブドウ糖ができ、ブドウ糖は発芽のためのエネルギーを生み、発芽がおこるのです。

図　ジベレリンが発芽を促すしくみ

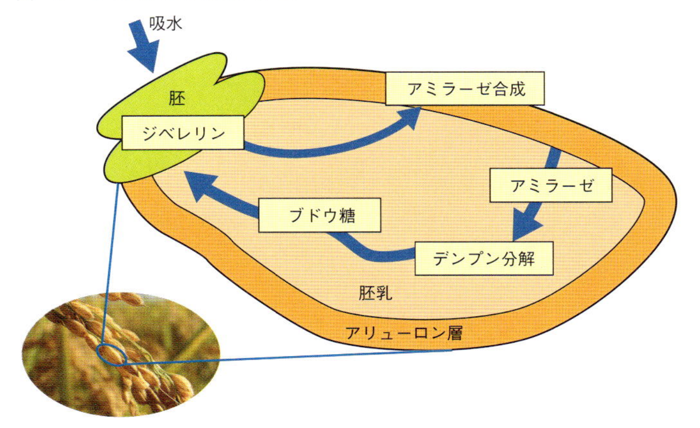

13

タネが発芽すると、芽は上に向かって伸びます。芽には、光を求めて伸びる性質があります。だから、光が当たっている場合は、上に伸びます。ただ、地中や光のない地上でも、上に伸びます。**なぜ、発芽すると、真っ暗闇の中で、芽は上に伸びるのでしょうか？**

A タネの上側から芽が出て、まっすぐ伸びるから
B 芽には重力と反対の方向に伸びる性質があるから
C 芽は乾燥した方に伸びるから
D 芽は土の少ない方に伸びるから

（正解と解説は、48ページ）

14

なぜ、発芽すると、真っ暗闇の中で、根は下に伸びるのでしょうか？

A タネの下側から根が出て、まっすぐ伸びるから
B 根には光を避ける性質があるから
C 根には重力の方向に伸びる性質があるから
D 根は土の多い方へ伸びるから

（正解と解説は、50ページ）

15 家の柱は、多くの場合、四角柱ですが、建物によっては、円柱のものもあります。お箸には、断面が円形のものや、角張っている四角のものがあります。さて、植物の茎はどうでしょうか。多くの植物の茎を横に切断すると、その断面はほぼ丸いです。だから、「茎は、丸い」と思われています。では、**茎の断面が三角形や四角形の植物はあるでしょうか？**

A 茎はほぼ丸いものであり、三角形や四角形のものはない

B 三角形のものはないが、四角形のものはある

C 三角形のものはあるが、四角形のものはない

D 三角形のものも、四角形のものもある

（正解と解説は、52ページ）

図　丸太と製材した四角柱の材木

13 なぜ、発芽すると、真っ暗闇の中で、芽は上に伸びるのでしょうか？

正解 *B* 芽には重力と反対の方向に伸びる性質があるから

植物が与えられた刺激に対して運動をおこすとき、その運動の方向が刺激の方向に支配される性質は、「屈性」とよばれます。たとえば、芽が光のくる方向に曲がって伸びる性質は、「屈性」です。屈性の刺激になるものを「屈性」という語の前に示すように決められているため、光が刺激になっている場合は、「光屈性」といわれます。

ですから、光が上からきている場所で、芽が上に伸びる現象は、「芽は光屈性という性質で上に伸びる」と表現しても間違いではありません。しかし、芽は、上から光のこない真っ暗な中でも、上に向かって伸びます。たとえば、モヤシは、真っ暗な箱の中で栽培されていますが、上に伸びます。また、土に埋められたタネが発芽した場合、芽は真っ暗な土の中で、地上部を目指して上に伸びます。

芽は上と下を見分ける能力をもっているのです。試みに、発芽した芽生えを土中から抜き取り、真っ暗な中で、水平に横たえてみます。すると、茎の先端はやがて上向きに曲がり、芽は上に向かって伸び始めます。ところが、スペースシャトルや国際宇宙ステーション内部など、重力がほとんどない場所では、芽は上に向かって伸びません。ということは、芽は重力を感じて、上に曲がることになります。重力というのは、地球が物を引きつける力です。芽には、重力を感じ、重力と反対の方向に伸びる性質があるのです。だから、地球の中心と反対方向、すなわち、上に伸びるのです。

このように、**芽が上に伸びるのは、地球の重力という刺激に反応している**からです。根が重力の方向に伸びるのは重力屈性ですが、芽が重力と反対の方向に伸びる場合は、「負」という語をつけて、「負の重力屈性」とよばれます。

結局、芽には、「光屈性」と「負の重力屈性」の二つの性質があることになります。

表　さまざまな屈性

刺激	性質	例
重力	重力屈性	根（正）、茎（負）　重力
光	光屈性	根（負）、茎（正）　光
接触	接触屈性	巻きひげ（正）　支柱など
水	水分屈性	根（正）　水
化学物質	化学屈性	花粉管（正）　（33ページの図）

14

なぜ、発芽すると、真っ暗闇の中で、根は下に伸びるのでしょうか？

正解 C　根には重力の方向に伸びる性質があるから

発芽した芽生えの根は、必ず下に向かって伸びます。芽の代わりに、地上に、根が出てくることはありません。タネの中では、根が出る個所は決まっていますが、タネがまかれるときに、その個所が上になっても下になっても、タネから出た根は下向きに伸びます。

根には、**光を避けて光と反対方向に伸びる**性質があることは、よく知られています。これは、芽が光に向かって伸びる「光屈性」という性質に対して、「負の光屈性」といわれます。そのため、根が下に向かって伸びる理由の一つは、「負の光屈性」という性質によるものです。しかし、真っ暗な中でも根は下へ伸びます。ですから、根が下へ伸びるのは、負の光屈性という性質によるだけではありません。

根には、「**重力を感じ、その方向に伸びる**」という性質があります。たとえば、真っ暗な中で、発芽した芽生えを土中から抜き取り、水平に横たえておくと、根の先端はやがて下向きに曲がり、下に向かって伸びだします。これは、根の重力に対する反応なので、「重力屈性」とよばれます。ですから、根が下に向かって伸びる理由のもう一つは、「重力屈性」という性質によるものです。

結局、根が下に向かって伸びるという現象は、「負の光屈性」と「重力屈性」が支配しているということになります。さらに近年は、「根は、水分屈性という性質で、**水分を求めて伸びる**」ということが、主に、次の三つを根拠として認められています。

一つ目は、根が水を求めて伸びる現象です。たとえば、土の中の配水管などの割れ目から水が漏れていると、割れ目に向かって根が伸びる現象が、多数観察されています。

二つ目は、シロイヌナズナという植物のうち、重力を感じない突然変異体を用いた実験で、その根が土の中深くに多くある水を求めて下に伸びたことです。

三つ目は、国際宇宙ステーションでの実験です。重力のない施設の中で、シロイヌナズナのタネは発芽し、根は下に伸びたのです。このとき、発芽した芽生えの下には、水を含んだロックウールが置かれていました。ロックウールというのは、岩石を加工して、水を含めるようにしたものです。根は、無重力の中で、ロックウールに含まれた水を求めて伸びたのです。

図　国際宇宙ステーションでのシロイヌナズナの栽培

国際宇宙ステーションでは2010年ごろから、シロイヌナズナがさまざまな実験に使われています

写真：NASA/Dr. Anna-Lisa Paul

15 茎の断面が三角形や四角形の植物はあるでしょうか？

正解 D　三角形のものも、四角形のものもある

小学校や中学校の理科の教科書には、茎の横断面の図が描かれています。茎の中の構造を示すためです。それらは円形の図です。また、多くの人には、「これまで触れたり見たりした植物の茎は、すべて丸かった」という印象があります。

そのため、「すべての植物の茎の断面は、ほぼ円形である」といわれると、正しいと思いがちです。ところが、横断面が四角形をした茎をもつ植物があるのです。「身近にはない、めずらしい植物だろう」と思われるかもしれません。しかし、そうではありません。

図　青ジソの茎の断面

茎に角があると曲がりにくいので、まっすぐに育ちます

気がつかないだけで、身近に、丸くない茎をもつ植物が意外と多くあります。たとえば、刺身に添えられる緑色の葉っぱがあります。青ジソの葉っぱで、「大葉」といわれます。青ジソだけでなく、梅干しをつくるときに使う赤ジソも四角形の茎です。また、身近にあるシソ科の植物の茎は、四角形です。といっても、「どれが、シソ科の植物なのか」と思われるかもしれません。しかし、身近なシソ科の植物は、比較的、容易にわかります。

シソと同じ特徴があるからです。

シソは香りを放つので、ハーブの一種です。ハーブは、「香りのする草」や「薬草」を意味します。薬草という語が当てられるのは、香りの成分や味に薬効があることが知られているからです。

茎がきれいな三角形をしている植物もあります。ヒメクグやカヤツリグサ、キョウチクトウなどです。

図　茎が四角形、三角形の植物の例

茎が四角形の植物

●ラベンダー、ローズマリー、ペパーミント、スペアミント、そして、春に花咲くホトケノザやヒメオドリコソウもシソ科の植物なので、茎の断面は四角形です

ローズマリー

●シソ科以外の植物でも、茎が四角形のものはあります。ヤエムグラやランタナ、イノコヅチなど。これらの植物の茎を切り、その断面を見ると、きれいな四角形です

ヤエムグラ

茎が三角形の植物

●茎の断面がきれいな三角形をしている植物もあります。ヒメクグやカヤツリグサ、キョウチクトウなど

キョウチクトウ

16 多くの植物の葉っぱは緑色です。**なぜ、葉っぱは緑色に見えるのでしょうか？**

A 葉っぱが、緑色の光を発しているから
B 葉っぱに当たった光の中から緑色の光だけが、葉っぱによく吸収されるから
C 葉っぱに当たった光の中から緑色の光だけが、吸収されにくく、反射したり、通り抜けたりするから

（正解と解説は、56ページ）

17 太陽の光には、いろいろな色の光が含まれています。人間には、紫、藍、青、緑、黄、橙、赤の7色に見えます。それぞれの光の色に境目はないので、もっとおおざっぱには、青、緑、赤の3色に分けることもできます。では、**光合成に有効な光の色は、青、緑、赤色のうち、どれでしょうか？**

A すべての色の光が同じように、有効に使われる
B 緑色光は、青色光や赤色光より、有効に使われる
C 青色光や赤色光が、緑色光より、有効に使われる

（正解と解説は、58ページ）

図　白色光に含まれる色の光

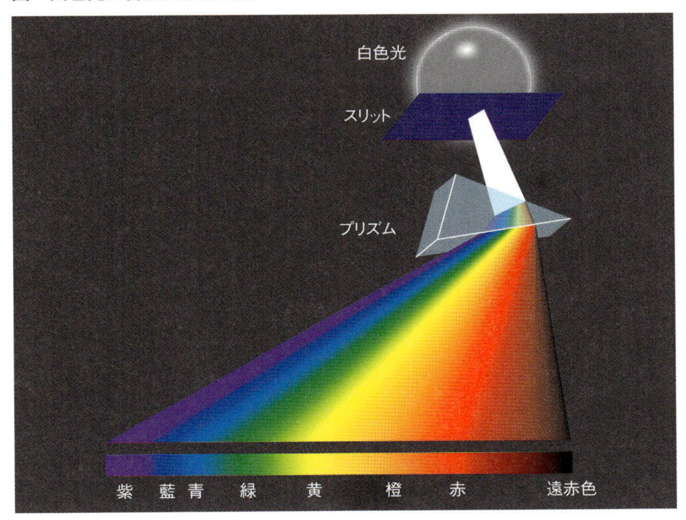

18　緑色光だけが葉に当たると、光合成は行われるでしょうか？

A　葉っぱが好きな色だから、光合成は積極的に行われる

B　緑色光は反射したり透過したりするので、ほとんど、光合成は行われない

C　緑色光でも、ぶあつい葉では、結構多くの光合成が行われる

（正解と解説は、60ページ）

16

なぜ、葉っぱは緑色に見えるのでしょうか？

正解 **C** 葉っぱに当たった光の中から緑色の光だけが、吸収されにくく、反射したり、通り抜けたりするから

もし葉っぱが緑色の光を発光しているのなら、葉っぱは暗いところでも緑色に見えなければなりません。でも、暗いところでは、葉っぱは緑色に見えません。ですから、葉っぱは、緑色の光を発しているのではありません。

葉っぱは光が当たると、緑色に見えるのです。太陽や電灯の光は、「白色光」といわれます。その中には、いろいろな色の光が含まれています。目に見える光では、虹に見られる、およそ7色の光が含まれています。紫、藍、青、緑、黄、橙、赤の7色です。

これらの光は、おおざっぱには、青色光、緑色光、赤色光の三つに分けられます。すなわち、白色光の中には、青色光と緑色光と赤色光の3色の光が混じっています。だから、「光が当たると、なぜ、葉っぱは緑色に見えるのか」という疑問は、「葉っぱは、青色光と緑色光と赤色光の3色の光が当たると、なぜ緑色に見えるのか」という、より具体的な疑問に置き換えられます。

図　光の3原色

これらの光が当たると、葉っぱは、光の色を見分け、青色光と赤色光を吸収し、緑色光を反射させたり通り抜けさせたりします。

そのため、白色光が当たっている葉っぱを上から見ると、緑色光は葉っぱで反射して、上から見ている目に届き、葉っぱは緑色に見えます。それに対し、**青色光と赤色光は葉っぱに吸収されてしまい目に届かず、葉っぱは青色や赤色には見えません**。

葉っぱは、下から見ても、緑色に見えます。その理由は、葉っぱに当たった緑色の光の一部が反射されないで葉っぱの中に入り、葉っぱの中をそのまま通り抜けてくるからです。だから、緑色の光が葉っぱから出てきて目に届き、葉っぱは緑色に見えます。青色や赤色の光は、葉っぱに吸収されてしまい、下へ通り抜けてきません。

図　葉っぱでの光の吸収と反射

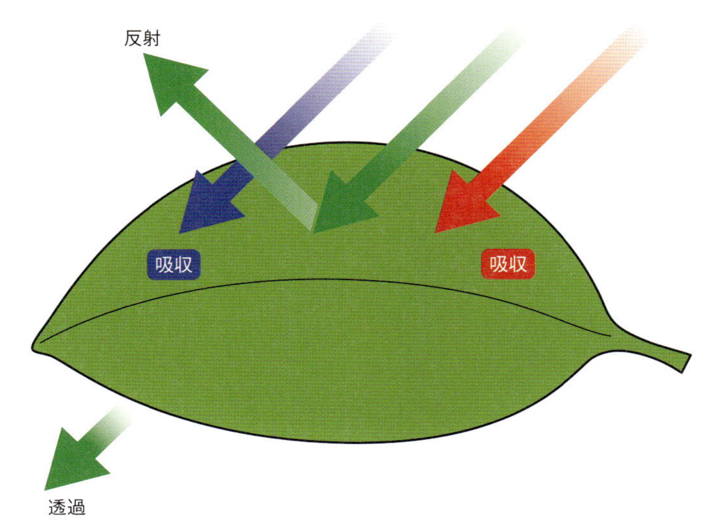

青色光と赤色光は吸収され、緑色光は反射されたり通り抜けたりします。葉っぱのこの性質は、葉っぱに含まれるクロロフィルという物質によるものです

17 光合成に有効な光の色は、青、緑、赤色のうち、どれでしょうか？

正解 **C** 青色光や赤色光が、緑色光より、有効に使われる

何色の光が光合成に有効なのかを示すのが、「光合成の作用スペクトル」とよばれるものです。葉っぱにいろいろな色の光を当てて、どの色の光がどれだけ光合成に役立つかを示すものです。

右ページの図のように、横軸には、葉っぱに当てるいろいろな色の光を示します。縦軸は、光合成がどれだけ行われるかを示します。光合成が行われる速度は、光合成で吸収される二酸化炭素や、放出される酸素の速度などで表すことができます。多くの場合、二酸化炭素の吸収される速度が測定され、それが光合成の速度として縦軸に示されます。

縦軸が大きい値になる色の光ほど、光合成に有効に働くことを意味します。右ページの光合成の作用スペクトルでは、青色光と赤色光の部分が高い値になっています。これは、「**光合成には、青色光と赤色光が有効であり、緑色光の効果は低い**」ことを意味します。

なお、このしくみを利用している例に、「植物工場」があります。文字通り、植物を栽培する工場で、室内に何段にも積み重なった棚があり、その上に植物が栽培されています。主に、レタス、サラダナ、カイワレダイコンなど、栽培期間の短い野菜が栽培されます。植物工場の中には、光が必要です。植物が光合成に最も効率的に利用する光は、青色光と赤色光です。そのため、**植物工場で使うエネルギーを無駄にしない人工的な光は、青色と赤**

色の光を多く含めばよいことになります。そこで、従来使われてきた白熱灯や蛍光灯に代わって、**近年は、発光ダイオードが使われつつあります**。

発光ダイオードの最も大きな特徴は、赤色、青色、緑色などの光だけを出すことができることです。そのため、青色光や赤色光だけを照射できるのです。照射する光の色が選べるだけでなく、発光ダイオードには、発熱量が少ないという特徴があります。発光ダイオードは発熱量が少ないので、消費電力を節約できる、ランプの寿命が長いなどの利点があります。

図　光合成の作用スペクトル（実線）と、クロロフィルによる光の吸収（破線）

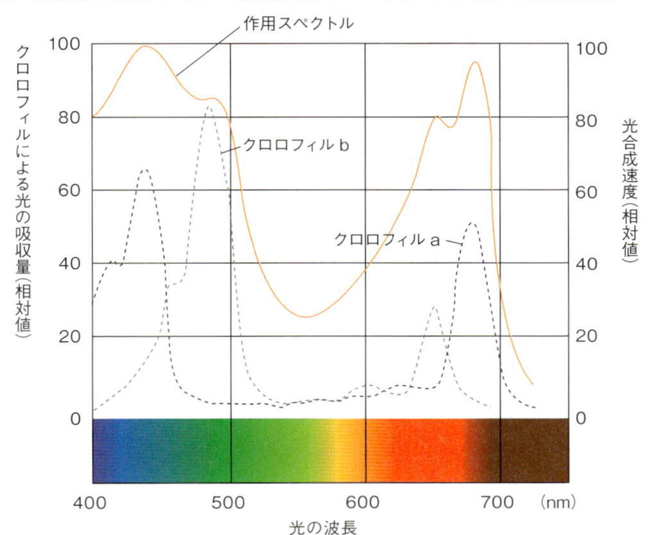

クロロフィルによる光の吸収（破線）では、縦軸が何色の光をどれだけ吸収するかを示します。縦軸が高くなる色の光ほど、クロロフィルによく吸収されることを意味します

18

緑色光だけが葉に当たると、光合成は行われるでしょうか？

正解 C　緑色光でも、ぶあつい葉では、結構多くの光合成が行われる

「光合成の作用スペクトル」では、青色光と赤色光の部分が高い値になっています。これは、「光合成には、青色光と赤色光が効果的である」ことを示します。ところが、緑色光の部分も、青色光と赤色光の部分ほどではありませんが、光合成の作用スペクトルで、かなり高い値になっています(59ページの図)。これは、緑色の光が光合成に使われていることを示しています。

この原因は、**葉っぱの中でおこる「緑色光の寄り道効果」**とよばれる現象です。葉っぱは多くの細胞でできています。細胞の中には、葉緑体という小さな粒が存在します。葉緑体の中には、クロロフィルが存在します。光が葉っぱに当たったとき、クロロフィルに吸収されやすい青色光や赤色光は、さっさと吸収されます。しかし、緑色光は、クロロフィルに当たっても、ほとんど吸収されません。といっても、まったく吸収されないわけではありません。ごくわずかは吸収されるのです(59ページの図)。

吸収されない緑色光は、葉っぱを構成する細胞で反射されたり散乱されたりします。細胞の中で反射、散乱された緑色光は、別の細胞に入り、そこでまたわずかだけクロロフィルに吸収され、残りの光は、反射、散乱されて、葉っぱの中を進みます。

緑色光は、葉っぱの中に入ると、通り抜けるまでに、クロロフィルにわずかしか吸収されないために、葉っぱの中の多くの細胞の中で反射や散乱を繰り返します。緑色光は、あたかも寄り道

するように葉っぱの中をあっちへ行ったり、こっちへ行ったりします。そのために、葉っぱで吸収される緑色光の量が増え、光合成に使われるのです。

「寄り道効果」のために、葉っぱでは、緑色光がかなりよく吸収されています。**緑色光も、吸収されれば、赤色光や青色光と同じように光合成に利用されます**。ですから、緑色光も、ぶあつい葉では、かなり光合成に利用されるのです。これに対し、薄い葉っぱでは、寄り道効果が少なく、厚い葉っぱと比べて緑色光は吸収されにくく、光合成にあまり利用されません。

図　緑色光の寄り道効果

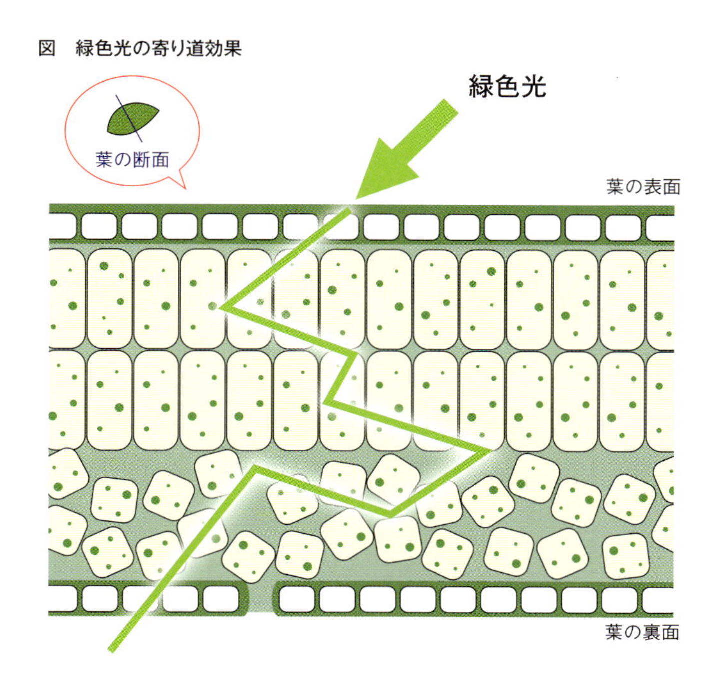

19 私たちは、夏の強い太陽光と暑さに悩まされます。その悩みの象徴が「熱中症」です。では、夏に育っている多くの**植物たちは、夏の強い日差しと暑さに悩むのでしょうか？**

A 悩んで、ギリギリで生きている
B 悩んではいるが、何とか生きている
C 悩みもあるが、克服して、イキイキと生きている

（正解と解説は、64ページ）

20 昔は、すだれやよしずで、太陽の光をさえぎって、陰をつくっていました。それに代わって、近年は、「緑のカーテン」が使われます。ツルを伸ばして成長する植物をネットや支柱に絡ませ、緑の葉っぱが家の窓や壁を覆うように育てられるものです。**すだれやよしずより、緑のカーテンは涼しいでしょうか？**

A 緑のカーテンの涼しさは、すだれやよしずと変わらない

B 涼しさは変わらないが、緑のカーテンは目にやさしい緑色なので、涼しいように感じる

C 緑のカーテンでは、陰ができるだけでなく、葉の冷却する力が働くので、すだれやよしずより涼しくなる

（正解と解説は、66ページ）

21 2017年、林野庁が、「高さ日本一」の樹木を発表しました。その背丈、つまり樹高は、ビルの約20階の高さに相当します。さて、この**日本一、背丈の高い樹木の高さは、何メートルくらいでしょうか？**

A 約36メートル

B 約62メートル

C 約80メートル

D 約115メートル

（正解と解説は、68ページ）

19 植物たちは、夏の強い日差しと暑さに悩むのでしょうか？

正解 C　悩みもあるが、克服して、イキイキと生きている

近年、夏の猛暑がすごいです。最高気温が35℃を超える猛暑日や、30℃を超える真夏日が増えています。そのため、毎年、炎天下で、強い太陽の光と暑さのために、多くの人々が「熱中症」になります。救急車で病院に搬送される人が年々増加し、イヌなどのペットや動物園で飼われているサルやクマなどの熱中症も心配されています。

そこで、「植物たちは、熱中症にならないのか」との疑問がもたれます。自然の中で育つ植物たちも、強い太陽の光と暑さの影響を受けます。熱中症といって適切かどうかはわかりませんが、猛暑のために、植物たちのからだが弱ることはあるでしょう。

でも、私たちが心配しなければならないほど、夏に育つ植物たちは、猛暑に困ることは少ないはずです。なぜなら、猛暑にほんとうに困るような植物たちは、本書 1（16ページ）で紹介したように、夏の暑さがくる前に花を咲かせ、暑さに耐えられるタネをつくって、すでに枯れています。ですから、**夏の暑さに弱い植物たちは、夏には、すでに姿を消している**のです。

一方、夏の猛暑の中で育っている植物たちの多くは、暑い地方の出身です。ですから、本来、夏の暑さに強い植物たちなのです。そのため、熱中症になることを心配するよりは、**むしろ、暑さを喜んでいる**でしょう。

それらの植物にとっては、夏は暑いからこそ、価値がある季節

なのです。そのため、夏に、果実を実らせるものが多くあります。畑や家庭菜園では、ナス、トマト、キュウリ、ピーマン、カボチャ、スイカなど、多くの野菜が実っています。それらの植物にとっては、**夏は“実りの季節”**なのです。

表　夏によく見られる植物

夏に栽培される野菜（原産地別）

●熱帯アジア：
キュウリ、ヘチマ、ゴーヤー、トウガン、ナス、シソ
●中国東北部・東南アジア：エダマメ
●アフリカ：
オクラ、スイカ、モロヘイヤ
●中南米（中央アメリカと南アメリカ）：
トマト、パプリカ、ピーマン、シシトウ、トウガラシ、サツマイモ、トウモロコシ、カボチャ、ズッキーニ、インゲンマメ

いろいろな夏野菜

夏に花が咲く草花や木（原産地別）

●暖地や熱帯：ハイビスカス
●インド：キョウチクトウ
●中国南部：サルスベリ
●東南アジア：ホウセンカ
●東アジアの暖地：フヨウ
●熱帯アジア：アサガオ、ケイトウ
●メキシコ：コスモス
●熱帯アメリカ：オシロイバナ

ハイビスカス

ホウセンカ

20 すだれやよしずより、緑のカーテンは涼しいでしょうか？

正解 **C** 緑のカーテンでは、陰ができるだけでなく、葉の冷却する力が働くので、すだれやよしずより涼しくなる

前項で、夏に繁茂している植物たちは暑い地方の出身であるため、夏の暑さに強いことを紹介しました。しかし、暑い地方の出身だからといっても、夏に繁茂するためには、暑さに耐えるしくみが必要です。

昼間、太陽の光が強いとき、植物は、光合成に使う光を吸収するために、葉っぱを広げています。そのため、葉っぱは強い日差しをまともに受け、かなりの熱を吸収して直接温められ、葉っぱの温度（葉温）はかなり高くなるはずです。しかし、熱くなりすぎてしまっては、葉っぱは生きていけません。

葉っぱでは、デンプンをつくる光合成を進めるために、多くの酵素が働いています。これらの酵素は、温度が高くなりすぎると、働かなくなります。すると、葉っぱは光合成ができません。そのため、**葉っぱの温度が異常に高くなりそうな場合、葉っぱは必死に、温度が上がらないように抵抗します**。

その方法は、汗をかくことです。葉っぱの表面にある小さな、**「気孔」とよばれる穴から水を盛んに蒸発させる**のです。水が蒸発するときには、葉っぱから熱を奪っていくので、葉っぱの温度が下がります。**人間が汗をかいて、体温の異常な高まりを抑えるのと、同じ**です。

といっても、葉っぱが汗をかく姿は見られません。葉っぱのか

く汗は、葉っぱの表面から水蒸気となって蒸発するので、ふつうは、目に見えません。でも、その気になれば、葉っぱの汗を見ることができます(下図)。

「緑のカーテン」が価値をもつのは、カーテンを構成している個々の緑の葉っぱが盛んに汗をかくからです。葉っぱは汗をかいて温度を上げないので、緑のカーテンが太陽の熱で温められることはありません。

昔、使われていたすだれやよしずは生きた植物ではないので、この作用はありません。ですから、緑のカーテンでは、すだれやよしずより涼しくなります。

図　葉っぱの汗を見る実験

透明か半透明の薄いポリ袋を、太陽の光が当たっている葉っぱにかぶせ、袋の口をしばっておきます。太陽の光が強いときは、10〜15分経てば、袋の内側一面に小さな水滴が現れます。水滴が見にくければ、袋の内面と内面を指でこすり合わせれば、目に見える大きな水滴になります

21

日本一、背丈の高い樹木の高さは、何メートルくらいでしょうか？

正解　**B**　約62メートル

近年のビルでは、1階分の高さが約4メートルのものもありますが、ふつうは、1階分の高さは約3メートルです。ですから、約20階分に相当する高さは、約60メートルです。

2017年11月に、林野庁の発表で、日本で最も背丈の高い樹木が話題になりました。それは、**京都市左京区花脊地域にある大悲山国有林の「花脊の三本杉」です**。

このスギは、3本のスギが根元で、つながるような形になって生えているので、「三本杉」といわれます。この樹木は、1154年に花脊地域に創建され、修験者の修行の場として知られる峰定寺のご神木であり、樹齢約1000年といわれています。

これまで、この樹木は、「背丈が約35メートル」と推測されてきました。ところが、林野庁京都大阪森林管理事務所が小型の無人機**「ドローン」を飛ばして計測してみると、「従来いわれてきたより、2倍近くの高さがある」ということがわかりました**。そこで、森林総合研究所関西支所がレーザー計測器などの専門の測定機器を用いて正確に測定し、その結果が発表されたのです。

それによると、3本のスギのうち、「東幹」とよばれている樹木が、62.3メートルで最も高く、「北西幹」といわれるものは、60.7メートルで、「西幹」とよばれるものが、57.2メートルでした。

これまで、「日本で最も背丈が高い樹木」といわれていたのは、愛知県新城市の鳳来寺山の「傘スギ」で、その高さは59.57メートルでした。そのため、「東幹」がそれより2.73メートル高いことになり、日本一となりました。「北西幹」も「傘スギ」より高いので、日本で二番目に高い樹木といえます。

ただ「傘スギ」も、今回用いられた最新の測定機器で、はかりなおされると、何メートルになるかは不明です。日本一になる可能性はあります。これから、今回の発表をきっかけに、新しい測定機器を用いて、次々と背の高い樹木が出てくるかもしれません。

図　背丈の高い樹木

花脊の三本杉（京都府）　写真：藤井拓郎

傘スギ（愛知県）

22 世界で最も背丈の高い木は、115.5メートルで、30数階建てのビルの高さに相当します。これは、アメリカのレッドウッド国立公園にある、セコイアという樹木です。このような背の高い樹木の先端にも、根から吸収された水は届けられます。**根から葉まで、どのように、水は運ばれるのでしょうか？**

A 根が水を押し上げている
B 葉が水を引き上げている
C 根が水を押し上げ、同時に、葉が水を引き上げている

（正解と解説は、72ページ）

23 植物を乾燥させて、水分をほとんどなくしたときの重さを乾燥重量といいます。多くの植物が、**乾燥重量で1グラム成長する間に、どのくらいの水を使うでしょうか？**

A 50～100グラム
B 200～300グラム
C 500～800グラム
D 1000～2000グラム

（正解と解説は、74ページ）

24　18世紀、スウェーデンの植物学者リンネは、「花時計」をつくろうとしました。さて、その**リンネの「花時計」とは、どのような時計でしょうか？**

A　花で飾ってある時計

B　時計盤のような花壇の上を長針と短針がまわっている時計

C　時計盤のような花壇で、どの場所の花が開いているかによって時刻がわかる時計

（正解と解説は、76ページ）

図　世界最大の花時計

静岡県伊豆市土肥温泉松原海岸公園にある、直径31メートルの花時計。1992年にギネスブックで世界最大の花時計と認定されました

22 根から葉まで、どのように、水は運ばれるのでしょうか？

正解 C 根が水を押し上げ、同時に、葉が水を引き上げている

根で吸収される水は、植物の先端にある芽や葉にまで、届けられなければなりません。そのとき、働く力の一つは、根が水を上に押し上げる力で「根圧」とよばれます。

植物の茎や幹を切断してしばらくすると、切り口に少しの水がにじみ出てくることがあります。**茎や幹を切っただけで、切断面に液がにじみあがってくるのは、根が茎の中の液を押し上げているからです**。これが、根圧の力です。しかし、この力だけでは、背丈の高い植物はもちろんのこと、低い植物でも、水は先端にまで届きません。

そこで、葉っぱは、「蒸散」という作用によって、水を水蒸気として空気中に放出します。蒸散とは、葉っぱにある小さな気孔から、水が水蒸気となって出ていくことです。

図　ヘチマの茎の切断面から出る液

葉っぱから蒸散する水は、根から茎の中にある細い「道管」を通って葉っぱに運ばれます。道管には、水が切れ目なく満ちています。その状態で、水同士は強い力で結びつき、つながっているのです。水同士を結び

つけてつながらせている強い力は、「凝集力」といわれます。

道管の下は根につながっており、上は葉っぱの気孔につながっています。道管の中で、水は切れ目なく強く結びついています。そのため、水が葉っぱから蒸散で空気中に出ていくと、出ていく水に引っ張られて、下の水は上の方に引き上げられます。ですから、先端の葉っぱから水が蒸散すれば、下から水が上ってくることになります。

これが、植物が水を高いところまで供給するしくみです。葉っぱと茎と根が力を合わせて、植物の先端にまで、水を届けるこのしくみは、「凝集力説」とよばれます。

図　凝集力説

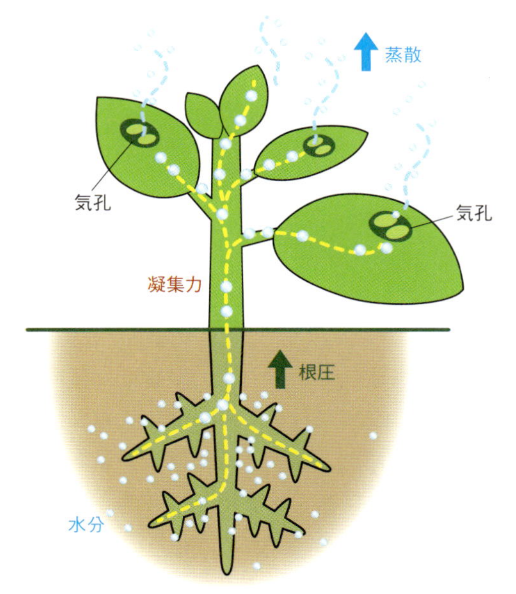

23 乾燥重量で1グラム成長する間に、どのくらいの水を使うでしょうか？

正解 C　500～800グラム

植物が消費する水の量は、乾燥重量が1グラム増える間に使われる水の量で表すように決められています。この量は、「要水量」といわれます。

多くの植物では、成長して乾燥重量を1グラム増加させる間に、消費する水の量は、500～800グラムです。この場合、要水量は、グラムという単位を省き、500～800と表示されます。

乾燥重量をたった1グラム増加させるのに、500～800グラムの水を使っているということは、植物は、とてつもなく多くの水を使って成長しているのです。多くの水を使う理由は、主に三つにまとめることができます。

一つ目は、**葉っぱの温度を調節するため**に、水を蒸散させることです。本書 20（66ページ）で紹介した通りです。そのため、葉っぱには、気孔という穴がいっぱい空いています（右ページの表）。

葉っぱは、「葉温」とよばれる自分の温度を調節するために、蒸散により多くの水を放出します。1グラムの水を蒸発させると、583カロリーの熱が奪われていきます。植物は、暑さの中で葉っぱの温度を下げるために、多くの水を使わなければならないのです。

二つ目は、**植物の背丈の先端にある葉や芽にまで、水や養分を運ぶため**です。養分は水に溶けていますから、水を運べば、養分も運ばれます。背丈の先端部分の葉っぱが蒸散で水を発散させることにより、茎の中の水の通り道である「道管」という管を通って、水は上に引き上げられます。このしくみについては、前問（72ページ）で紹介した通りです。ですから、植物は多くの水を蒸散させなければならないのです。

三つ目は、二酸化炭素を吸収するために、葉っぱにある気孔を開けなければならず、**気孔を開ければ多くの水が蒸散で出ていってしまうため**です。気孔は、光合成に必要な二酸化炭素を吸収するための穴でもあります。そのため、気孔が開いていなければ、二酸化炭素は入ってきません。だから、水が蒸散することがわかっていても、二酸化炭素を吸収するためには、気孔を開けなければならないのです。

表　葉っぱの表面と裏面の気孔の分布

（1mm^{2}当たりの個数）

植物名	表	裏	植物名	表	裏
インゲンマメ	40	281	トウモロコシ	67	109
ヒマワリ	101	218	コムギ	43	40
キャベツ	141	227	スイレン	460	0
ソラマメ	101	216	カンナ	0	25
ポプラ	20	115	アオキ	0	145
ベゴニア	0	40	カシの一種	0	1192
トマト	96	203	リンゴ	0	400
ジャガイモ	51	161	サクラ	0	249
アルファルファ	169	138	モモ	0	225

気孔の数は植物の種類によって異なり、1ミリメートル四方の中に少ない場合でも数十個くらい、多いもので1000個以上もあります

24
リンネの「花時計」とは、どのような時計でしょうか？

正解 **C** 時計盤のような花壇で、どの場所の花が開いているかによって時刻がわかる時計

「花時計」という語句を、手元にある国語辞典で調べると、「公園や広場に設けた大きな時計で、その文字盤の部分に季節の草花を植え込んだもの」(『大辞林 第三版』)といった説明がなされています。実際に、公園などで見かける花時計は、花の咲く花壇の上を時計の針がまわっています。

しかし、本来の花時計は、そんな味気ないものではありません。**18世紀、スウェーデンの植物学者リンネがつくろうとした「花時計」には、まわる針は必要なかった**のです。

時計盤上の花壇のそれぞれの時刻の位置に、その時刻に開花する植物を植え、どの場所の花が開いているかを見て、時刻がわかるというものでした。**花時計は、多くの種類の植物が時刻を決めて、ツボミが開花するという性質を象徴するもの**なのです。

「なぜ、多くの植物たちが、時刻を決めて開花するのか」との疑問があります。この性質には、二つの大切な意味があります。

一つ目は、ハチやチョウが花粉を運んでも、仲間が花を開いていなければ、花粉はつけられないからです。だから、植物たちは、仲間同士、同じ時刻にいっせいに開花して、受粉するようにしているのです。命を次の世代につないでいくための工夫です。

二つ目は、種類ごとに開花する時刻をずらして、ハチやチョウを誘い込む競争を、少しでも避けるためです。すべての種類の植物がいっせいに花を開いたら、その競争は激しくなりすぎます。

図　身近な植物で花時計をつくる例

4～6時：アサガオ

6～8時：ハイビスカス

8～10時：ホテイアオイ

10～12時：ポーチュラカ

12～14時：ゴジカ

14～15時：ヒツジグサ

15～16時：ハゼラン

16～18時：オシロイバナ

18～22時：オオマツヨイグサ

22～24時：ゲッカビジン

25 開花する時刻を決めている植物たちは、いろいろな刺激を感じて、花を開かせる時刻を知ります。さて、次のうち、**植物に開花する時刻を知らせる刺激とならないのは、何でしょうか？**

A 明るくなること
B 暗くなること
C 温度が上がること
D 温度が下がること

（正解と解説は、80ページ）

26 植物たちが刺激を受けて、**ツボミが開くときには、どのようなことがおこるでしょうか？**

A ツボミの中で折りたたまれていた花びらが広がる
B ツボミの花びらの内側が、外側よりよく伸びる
C ツボミの基部にある、花びらを束ねていた「がく」の力がゆるむ

（正解と解説は、82ページ）

27 自然の中で育つ植物たちには、強い日差しとともに、紫外線が降り注ぎます。**どのように、植物たちは、紫外線に向き合っているのでしょうか？**

A 植物は紫外線を光合成に使うので、たくさん浴びる工夫をしている

B 紫外線は植物にはやさしいが、役に立つわけではないので、何もしていない

C 紫外線は植物にも害があるので、植物はその害を逃れるための対策をしている

（正解と解説は、84ページ）

図　山で朝日を浴びるオヤマノエンドウ

25

植物に開花する時刻を知らせる刺激とならないのは、何でしょうか？

正解 *D*　温度が下がること

「ツボミは、大きくなったら開く」と思われがちですが、ツボミは大きく成長したからといって、開くわけではありません。ツボミが開くためには、そのための刺激が必要です。

「自然の中に、刺激があるだろうか。勝手にツボミは開くではないか」との疑問が浮かびます。しかし、自然の中に、刺激はあります。朝に明るくなるとか、太陽が昇ると温度が上がるとか、夕方から夜にかけて真っ暗になるとか、大きな環境の変化がおこります。これらの変化が、ツボミには刺激として感じられます。

自然の中の植物たちは、このような温度や明るさの変化を刺激として感じ、ツボミを開いているのです。その刺激は、厳密に区別できませんが、主に三つに分けられます。

図　セイヨウタンポポのツボミ

一つは、温度が上がることです。**代表的な例はチューリップの花で、朝に温度が上がると開きます**。

二つ目は、朝に明るくなることです。代表はタンポポの花です。**セイヨウタンポポの花は、夜の温度が13℃以上であ**

った日の朝、明るくなると開きます。夜の温度がこれより低い日は、明るくなっても開かず、温度が上がると開きます。

三つ目は、夕方に暗くなることです。**アサガオ、ツキミソウ、ゲッカビジンなどのツボミは暗くなると時を刻み始め、ある一定の時間が経過すると、花が開きます**。たとえば、アサガオでは、夕方暗くなってから約10時間後に花が開くと決まっています。

「温度が下がる」ことを刺激として、開花する植物は、現在まで知られていません。この刺激は、開いていた花が夕方に閉じるときに働くことが、チューリップなどで知られています。

表　開花の刺激と植物の例

①　気温が上がると開花する植物	チューリップ、ポーチュラカ、クロッカスなど
②　明るくなると開花する植物	タンポポ、ムラサキカタバミなど
③　暗くなることが刺激となり、何時間後かに開花する植物	アサガオ、ツキミソウ、ゲッカビジンなど

26 ツボミが開くときには、どのようなことがおこるでしょうか？

正解 *B* ツボミの花びらの内側が、外側よりよく伸びる

「刺激を受けて、ツボミが開くときには、どのようなことがおこるのか」という疑問は、1953年、イギリスのウッドにより、チューリップの花を使って調べられています。

チューリップの花は、朝、温度が上がると開き、夕方、温度が下がると閉じます。彼は、一枚の花びらを外側と内側の2層に分けて水に浮かべました。

水の温度を上げると、花びらの内側は急速に伸びましたが、外側はゆっくりとしか伸びませんでした。この結果は、「気温が上がると、花びらの内側が外側よりよく伸びる。そのために、外側に反り返る。それが開花現象となる」という開花のしくみを示しています。

図　ウッドの実験結果

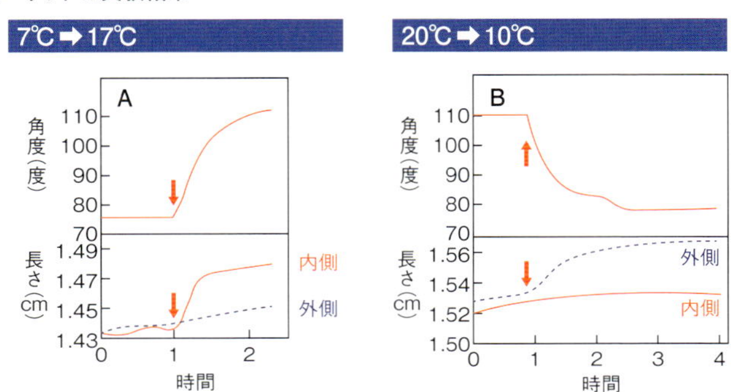

温度を上げると花びらの内側が伸び、外に反る角度が大きくなります。温度を下げると花びらの外側が伸び、外に反る角度が小さくなります

逆に、2層に分けた花びらが浮かんでいる水の温度を下げると、花びらの内側はほとんど伸びないのに、外側は急速に伸びました。これは、「気温が下がると、花びらの外側が伸びるのに、内側はほとんど伸びない。そのため、外側への反りがなくなり、閉花する」という閉花のしくみを示しています。

結局、花が開くときには、花びらの内側がよく伸び、閉じるときには、外側がよく伸びるのです。そのため、**チューリップの花が朝に開き、夕方に閉じるという開閉運動を繰り返すたびに、花びらは成長します**。ツボミがはじめて開いたときから、10日間も開閉運動を繰り返した花の花びらは、倍以上に大きくなっていることもめずらしくありません。

チューリップは、温度の変化を刺激と感じて、花を開閉します。しかし、「花が開くときには花びらの内側がよく伸び、閉じるときには外側がよく伸びる」というしくみは、どのような刺激を感じて花を開閉させる植物たちにも共通です。

図　花の開閉のしくみ

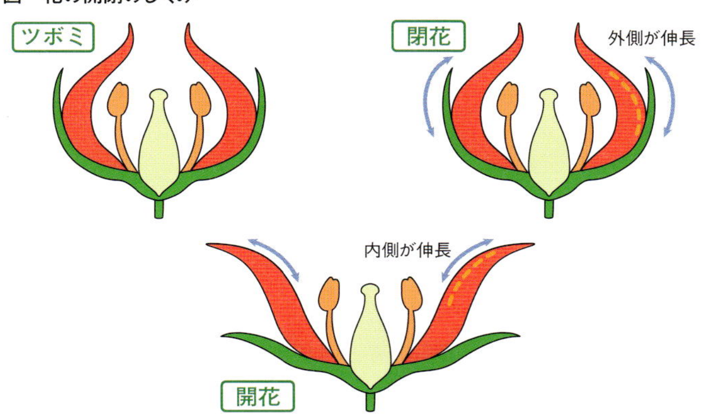

花が開くときには花びらの内側がよく伸び、閉じるときには外側がよく伸びます

27 どのように、植物たちは、紫外線に向き合っているのでしょうか？

正解 C 紫外線は植物にも害があるので、植物はその害を逃れるための対策をしている

紫外線は、植物や人間のからだに当たると、「活性酸素」という物質を発生させます。活性酸素とは、私たち人間にとって、からだの老化を早め、多くの病気のきっかけとなることが知られている物質です。また、これは、植物たちにも、きわめて有害なものです。

ですから、植物たちは、自然の中で、紫外線の害を逃れるための対策をしています。自分たちのからだを守るだけでなく、花の中で生まれてくるタネを守っています。

植物たちは、活性酸素を消し去る働きをする「抗酸化物質」とよばれるものをからだの中につくります。**抗酸化物質の代表は、ビタミンCとビタミンE、ポリフェノールやカロテノイド**などです。

ポリフェノールの代表であるアントシアニンや、カロテノイドなどは、花びらを美しくきれいに装う色素です。そのため、これらの物質を含んだ花びらは、花の中で生まれる子どもを守ります。植物が、**花びらを美しくきれいに装うのは、ハチやチョウチョを引き寄せるのが一つの大切な目的ですが、それだけでなく、紫外線が当たって生みだされる有害な活性酸素を消去するため**でもあります。

このため、植物に当たる太陽の光が強ければ強いほど、活性酸素の害を消すために多くの色素がつくられ、花の色はますます濃い色になります。高山植物の花には、美しくきれいであざやかな

色をしているものが数多く存在します。空気が澄んだ高い山の上には、紫外線が多く照りつけるからです。

また、強い太陽の光が当たる**畑や花壇などの露地で栽培される植物の花は、紫外線を吸収するガラスの温室で栽培される植物の花より、ずっと色あざやか**な傾向があります。これは、紫外線を含んだ太陽の光を直接受けるからです。

表　代表的な抗酸化物質と、含まれる野菜や果物などの例

抗酸化物質			多く含まれる野菜や果物など
ビタミンC			ブロッコリー、トマト、芽キャベツ、レモン、キウイ、イチゴ、カキ、ミカン
ビタミンE			ラッカセイ、カボチャ、ホウレンソウ、アーモンド
ポリフェノール	フラボノイド	ケルセチン	タマネギ、アスパラガス
		ルチン	ダイズ、ソバ
		ルテオリン	シソ、ミント、セロリ
	アントシアニン		赤ワイン、ナス、黒マメ
	カテキン		緑茶、赤ワイン
	リグナン	セサミノール	ゴマ
カロテノイド化合物	β-カロテン		ニンジン、カボチャ、ホウレンソウ、シュンギク
	リコペン		トマト、スイカ
	ルテイン		トウモロコシ、ホウレンソウ
	フコキサンチン		ワカメ、ヒジキ、コンブ
	カプサンチン		トウガラシ
	アスタキサンチン		ヘマトコッカス（藻）

28 すべての動物は、植物のからだを食べて生きています。肉食の動物もいますが、その肉のもとをたどれば、植物に行きつきます。ですから、植物が動物に食べられることは、植物の“宿命”です。**動物に食べられるという“宿命”に、植物はどう対処しているでしょうか？**

A 大事なところは絶対に食べられないように防御している
B 少しぐらい食べられてもいいように、備えている
C 食べ尽くされてもいいように、備えている

（正解と解説は、88ページ）

図　牧草と乳牛

大人の乳牛は、生の牧草なら、1日当たり50〜75キログラムを食べるのが一般的

29 私たち人間の三大栄養素は、デンプンを代表とする炭水化物と、タンパク質、脂質です。植物も生きていくために、これらの栄養素は必要です。**食虫植物は、虫を食べますが、主に、どの栄養素をとるためでしょうか？**

A 炭水化物
B タンパク質
C 脂質
D 三大栄養素のすべて

（正解と解説は、90ページ）

30 植物の大きな特徴の一つは、光合成を行い、自分で栄養をつくることです。では、**光合成をしない植物はいるのでしょうか？**

A そのような植物は、いるはずがない
B まだ見つかっていないが、存在する可能性がある
C めずらしいけれども、そのような植物は知られている

（正解と解説は、92ページ）

28

動物に食べられるという“宿命”に、植物はどう対処しているでしょうか？

正解 B　少しぐらい食べられてもいいように、備えている

植物は、トゲや有毒物質などでからだを守っています。しかし、「絶対に食べられたくない」と完全に防御して、食べられるのを拒めば、地球上のすべての動物は、人間を含めて、絶滅してしまいます。

植物は、そのようなことを望んでいないでしょう。ハチやチョウチョなどの虫に花粉を運んでもらったり、動物に果実を食べてもらえば、タネが飛び散らかったり、タネが飲み込まれてどこかに糞として撒かれたりします。**動物と共存することで、植物は、動きまわることなく、新しい生育地を獲得できる**からです。

だからといって、食べ尽くされてしまっては困ります。**そこで、トゲや有毒物質、動物が嫌う味や香りで食べられるのを防いでいます**。

正解の「少しぐらい食べられてもいい」という備えは、植物の何気ないからだの構造にあります。それは、芽に、「頂芽」と「側芽」があることです。

茎の先端にある芽を「頂芽」といいます。芽は、茎の先端にある頂芽だけでなく、すべての葉っぱのつけ根にもあります。それらの芽は、「頂芽」に対して、「側芽（あるいは、腋芽）」といわれます。この2種類の芽には、頂芽だけがグングン伸び、側芽は伸びない、「頂芽優勢」という性質があります。

もし頂芽を含めて植物の上の方のやわらかい部分が食べられ

たら、下にあるどれかの側芽が一番上となり、頂芽となります。だから、その芽が頂芽優勢という性質により成長を始め、食べられる前のもとのからだに再生します。食べられた茎の下方に側芽がある限り、一番先端になった側芽が頂芽となって伸びだし、**何ごともなかったかのように、食べられる前と同じ姿に戻ることができる**のです。

これが、「頂芽優勢」という性質の威力です。この備えは、折られたときや刈られたときにも有効に働きます。

図　頂芽優勢

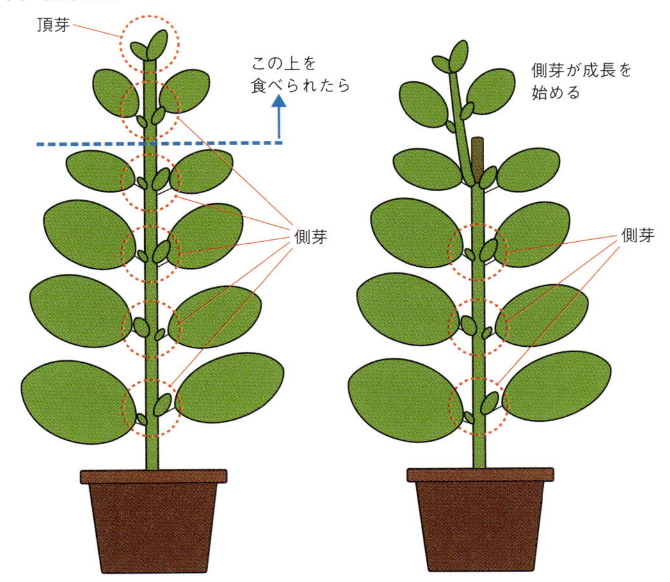

頂芽でつくられる「オーキシン」とよばれる物質が、茎を通って下の方に移動し、側芽の成長を抑制しています。そのため、頂芽を切り取ると、オーキシンが側芽に届かないので、側芽が成長を始めます。頂芽を切り取ったあと、その切り口にオーキシンを与えると、側芽の成長が抑えられます

29

食虫植物は、虫を食べますが、主に、どの栄養素をとるためでしょうか？

正解 ***B*** タンパク質

食虫植物でよく知られているのは、虫が葉にとまると機敏に葉を閉じて、虫を捕まえてしまうハエトリソウです。この植物は、虫を食べて栄養としていますが、光合成を行います。

「食虫植物は、栄養を虫からとるので、光合成をしない」と思われがちですが、ハエトリソウだけでなく、**食虫植物は光合成を行います**。だから、生きるために必要な**デンプンは、自分でつくることができます**。**それをもとに、脂質をつくることもできます**。

食虫植物が欲しがっているのは、タンパク質などの窒素を含んだ物質です。窒素を含んだ物質は、植物にも、私たち人間を含む動物にも、生きていくために必要です。そこで、食虫植物は、虫から窒素を含んだ物質を吸収する方法を身につけたのです。

この方法は、突拍子なものではありません。私たち人間は、窒素を含む栄養を得るために、牛や豚、魚などの肉を食べます。これらを消化して、窒素を含む栄養を吸収しているのです。

多くの植物は、窒素を含んだ養分を土の中から吸収します。私たちは、植物を栽培するとき、土の中に不足しがちな成分である、窒素、リン酸、カリウムを「三大肥料」として、土に与えます。この中でも、窒素が特に必要なので、多くの植物は、土の中から養分として窒素を吸収し利用しているのです。

では、「なぜ、ハエトリソウは、根から窒素を含んだ養分を吸収しないのか」という疑問が浮かびます。この植物もそれができればよかったのですが、**原産地が、窒素の養分をあまり含まない、北アメリカの痩せた土地だった**のです。そのため、ハエトリソウは、土の中から窒素という養分を十分に吸収できなかったのです。

そこで、ハエトリソウは、「虫のからだから、窒素を含んだ物質を取り込む」という能力を身につけたのです。「そのようなしくみを身につけてまで、肥沃でない痩せた土地に生きる利点はあるのか」との疑問が残ります。

ふつうの植物は、そのような養分が乏しい土地では生きていけません。ですから、**「虫を食べて、窒素を含む栄養を取り込む」という能力を身につけると、他の植物たちと、生育地を奪い合うという競争をせずに、その土地で生きていくことができる**のです。

図　食虫植物の4つのタイプ

消化液の入ったつぼ型の葉で、虫を捕まえる落とし穴式。写真はウツボカズラ

葉についた粘液で虫を捕まえる粘着式。写真はコモウセンゴケ

葉を閉じて虫を閉じ込めるはさみわな式。写真はハエトリソウ

袋状になった部分に吸い込む袋わな式。写真はノタヌキモ　写真：Michal Rubeš

30 光合成をしない植物はいるのでしょうか？

正解 C　めずらしいけれども、そのような植物は知られている

多くの植物は、根から吸収した水と、空気中から取り込んだ二酸化炭素を材料として、太陽の光のエネルギーを利用し、生命を保って成長するのに必要な栄養を、葉っぱでつくります。この反応は、「光合成」といわれます。前項で紹介したように、虫を食べて栄養としている食虫植物も光合成をしています。

ところが、光合成をしない植物がいます。二つのタイプがよく知られています。一つは、全寄生植物で、**他の植物から栄養をすべてもらって生きるもの**です。ラフレシアやネナシカズラなどです。

もう一つは、自分自身で、生物の遺体や排泄物、また、それらの分解物などを摂取する能力はなく、これらから**栄養を摂取することができる菌類が根に共存している植物**です。

以前は、このタイプの植物は、土壌中にある、生物の遺体や排泄物、また、それらの分解物などを栄養として成長すると考えられ、「腐生植物」とよばれていました。しかし、近年は、「菌に依存して生きている植物」という意味で、「菌従属栄養植物」といわれるようになりました。

図　ラフレシア

その例として、ギンリ

ョウソウ、ツチアケビ、オモトソウがよく知られています。これらの植物は、光合成をしないので、地上に出て、成長する必要がありません。そのため、地上に姿を現すのは、花を咲かせ、果実を結実させるわずかな期間だけです。

では、「なぜ、光合成をしないのに、植物というのか」との疑問が残ります。**全寄生植物も菌従属栄養植物も、光合成はしないのですが、花を咲かせて、タネをつくる**のです。そのため、植物の仲間に入ります。

図　ギンリョウソウ

ギンリョウソウは、土の中で生活し、樹木の根や共生する菌類から栄養を得ます。春から夏に、花が地上に現れますが、光合成をしないので、緑色のクロロフィルはなく、白色で全体に透明感があります。その姿は、幽霊のようなキノコにたとえられ、「ユウレイタケ（幽霊茸）」ともいわれます。あるいは、銀の竜（龍）に見立てられ、「銀竜（龍）草」ともよばれます

図　ツチアケビ

ツチアケビは、キノコの菌糸から栄養を摂取します。地上部に葉があることはなく、初夏に地上に出て花が咲きます。背丈は、50センチメートルを超えます。秋には、真っ赤な実がなり、その実の色や姿がアケビの実に似ているのが、植物名の由来です

31 晴天の日の昼間、葉には、まぶしい太陽の光が当たります。すると、「植物は、さぞ喜んで、多くの光合成をしている」と思われます。はたして、**植物は、昼間のまぶしい太陽の光を使いこなせるのでしょうか？**

A 昼間のまぶしい太陽の光を使いこなしており、葉にとっては、もっと光が強い方が良い

B 昼間のまぶしい太陽の光は、葉がちょうど使いこなせるくらいである

C 昼間のまぶしい太陽の光は強すぎるので、葉には使いこなせない

（正解と解説は、96ページ）

32 冬には、ビニールハウスの中を暖かくして、野菜が栽培されます。しかし、夏にも、野菜はビニールハウスの中で栽培されていることがあります。**暑い夏に、野菜をビニールハウスで栽培する主な目的は何でしょうか？**

A ビニールハウスの中の温度を高く保つため

B ビニールハウスの中の湿度を高く保つため

C 夏の太陽の強い日差しと、雨が畑に降ったり、実にかかったりするのを避けるため

（正解と解説は、98ページ）

33

接ぎ木というのは、台木として、植物の茎や枝に割れ目を入れて、穂木とよばれる別の株の茎や枝をそこに挿し込んで癒着させ、2本の株を1本につなげてしまう技術です。1本につながった**接ぎ木の台木から穂木に運ばれないのは、何でしょうか？**

A 台木がつくる物質
B 台木のもつ遺伝子
C 台木の根が吸収する養分

（正解と解説は、100ページ）

図　クリの接ぎ木

写真下が台木、
上が穂木

31 植物は、昼間のまぶしい太陽の光を使いこなせるのでしょうか？

正解 **C** 昼間のまぶしい太陽の光は強すぎるので、葉には使いこなせない

光合成の速度が、光の強さによって、どのように変化するかは、「光・光合成曲線」で示されます。これは、たとえば、20℃とか25℃とかの温度のもとで、二酸化炭素の濃度を空気中と同じ濃度に保ちながら、光の強さを変化させて、光合成の速度を調べたものです。

光合成の速度は、二酸化炭素が吸収される速度で表されます。光がまったくない暗黒中では、植物は、光合成をせずに、呼吸だけをしています。ですから、光合成による二酸化炭素の吸収はおこらず、呼吸による二酸化炭素の放出が見られます。

植物に当たる光の強さが少し増すと、二酸化炭素が放出される量が減ってきて、ある光の強さで、二酸化炭素の放出が見られなくなります。このときには、呼吸によって放出される二酸化炭素の量と、光合成によって吸収される二酸化炭素の量が同じ量になっているのです。そのため、見かけ上、二酸化炭素の出入りがまったく見られなくなります。このときの光の強さは、「光補償点」といわれます。

さらに**光の強さが増していくと、それにつれて、光合成の速度は増加し、やがて光合成の量が増えなくなります**。このときの光の強さは、「光飽和点」とよばれます。この光の強さが、植物が光合成に必要としている最大の光の強さなのです。

これ以上の強さの光が葉っぱに当たったとしても、植物は使い

こなすことができません。光の強さは、ルクスという単位で表されますが、多くの植物たちの「光飽和点」は、2.5～3万ルクスです。

では、昼間の太陽の光の強さは、どのくらいなのでしょうか。晴天の日、昼間のまぶしい太陽の光の強さは約10万ルクスです。ということは、多くの植物の葉っぱは、**昼間のまぶしい太陽の光の約3分の1以下の強さを使いこなせるにすぎない**のです。ですから、**まぶしい太陽の光が当たると、喜ぶどころか、迷惑がっている**のです。

図　光・光合成曲線

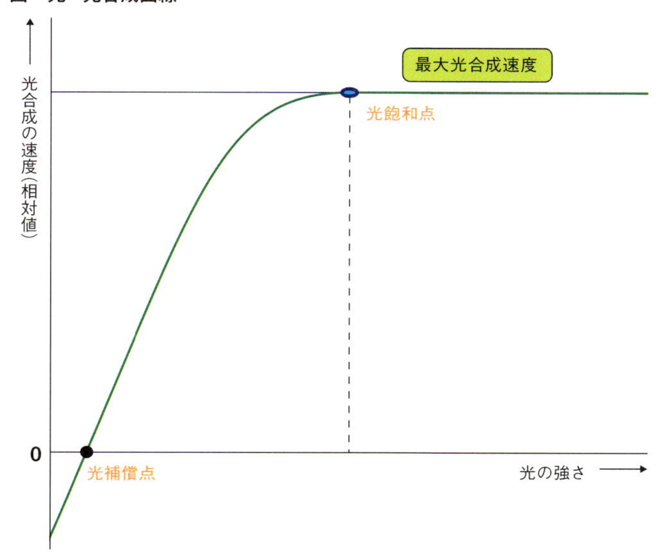

晴天の日、昼間のまぶしい太陽の光の強さは約10万ルクスです。それに対し、植物がこれ以上の強さの光を使いこなせないという「光飽和点」は、2.5～3万ルクスです

32

暑い夏に、野菜をビニールハウスで栽培する主な目的は何でしょうか？

正解 C　夏の太陽の強い日差しと、雨が畑に降ったり、実にかかったりするのを避けるため

冬から春にかけ、ビニールハウスの中で野菜が栽培されているのは、見慣れた風景です。そのため、暑い夏にトマトやミニトマトがビニールハウスで栽培されていても、あまり不思議に思われません。「トマトやミニトマトは、暑いのが好きなので、ビニールハウスの中で栽培されているのだ」と思われます。

たしかに、トマトは暑い地域が原産地ですから、暑いのが好きです。でも、夏には、露地で栽培されているトマトでも、よく成長し多くの果実を実らせています。ですから、温度だけについていえば、暑い夏に、トマトやミニトマトをビニールハウスの中で栽培をする必要はないのです。

また、夏のビニールハウスでは、ドアが開いていたり、側面が開いていたりして風が入るようになっているものがあります。そのため、湿度を高く保つためとも思われません。

暑い夏にビニールハウスでわざわざ栽培される理由の一つは、前項で紹介したように、夏の太陽の光が強すぎるためです。**ビニールハウスには、光を遮断する効果があります**。

もう一つの大切な理由は、「実割れ」という現象を防ぐためです。トマトなどを家庭菜園で栽培すると、果実が実り赤く成熟したあと、果皮が割れることがあります。これが、「実割れ」とか「裂果」とよばれる現象です。

果実が肥大を始めると、果実を包む薄い果皮と果肉はいっしょに大きくなります。果実が一定の大きさになると、果皮と果肉の成長が止まり、果皮と果肉は成熟し赤くなります。ところが、このあとに、もし根が多くの水を吸収したら、その水分が果肉に送り込まれ、果肉が再び膨らみます。薄い果皮は成長が止まっているため、果肉が膨らむと、果皮に裂け目ができるのです。

この現象を防ぐには、**果実の成長が止まったあとに、多くの水を根に吸収させない**ことです。たとえば、気まぐれに、多くの水やりをしないことです。また、多量の雨が降ったときに、根に雨水を大量に吸収させないことです。雨が降っても、ビニールハウスの中なら、根による急激な水の吸収はおこりません。ビニールハウスで栽培するのは、水の管理をきちんとするためなのです。

また、「成熟した果実に雨がかかると、実割れがおこることがある」といわれます。ビニールハウスの中では、夏の夕立や多くの雨などにより、実が直接に吸水するのを防ぐことができます。

図　トマトの実割れ（右の点は虫食いの跡）

33

接ぎ木の台木から穂木に運ばれないのは、何でしょうか？

正解 *B*　台木のもつ遺伝子

穂木は、台木がつくる物質と台木のもつ性質に影響を受けることがあります。しかし、台木のもつ遺伝子が穂木に移動することはありません。

台木となった植物がつくる物質は、接ぎ木した癒着部分を通して、接ぎ木した上の植物に届きます。このことは、葉っぱを数枚ほど残したアサガオを台木とし、サツマイモの苗を接ぎ木する実験でわかりやすく理解されます。

サツマイモは、温度が高い、長い夜を感じるとツボミをつくる植物です。本州では、サツマイモがツボミをつくるのに十分な夜の長さが訪れてくるころには、気温が下がっており、ツボミができないため、サツマイモの花はほとんど見られません。しかし、本州でも、サツマイモの花を咲かせることができます。

サツマイモと同じヒルガオ科のアサガオに、サツマイモの苗を接ぎ木します。アサガオは、葉っぱが長い夜を感じると、ツボミをつくります。そこで、**アサガオの葉っぱにだけ長い夜を与えると、接ぎ木されたサツマイモにツボミができ、やがて花が咲きます**。この現象は、長い夜を感じたアサガオの葉っぱがつくった“ツボミをつくり、花を咲かせる物質”が、接ぎ木されたサツマイモに届き、ツボミをつくらせ、花を咲かせることを意味します。

接ぎ木された植物が、台木の根から吸収する養分の影響を受けることは、キュウリの生産にも使われています。一昔前のキュウリの表面には、「ブルーム」とよばれ白い粉がふいていました。この白い粉は、果実自身がつくりだす物質です。雨水をはじき、病原菌が感染するのを予防し、果実の水分の蒸発を防ぎ、果実のおいしさと新鮮さを保つために大切なものです。

ところが、この白い粉が、「カビとか、農薬がついている」と誤解され、気持ち悪がられました。その噂を受けて、現在のキュウリの多くはブルームのない「ブルームレス」になっています。「レス」というのは、「ない」という意味です。この「ブルームレス・キュウリ」は、巧妙な方法でつくりだされます。

キュウリは病気や連作に強いカボチャに接ぎ木されることがよくあります。一方、**キュウリのブルームは土壌から吸収されるケイ酸という物質が主な成分であり、ケイ酸が吸収されなければ、キュウリはブルームをつくれません**。**そこで、接ぎ木苗をつくるときに、ケイ酸を吸収する能力の弱いカボチャが台木に用いられる**のです。すると、接ぎ木されたキュウリに台木を通して、ケイ酸はあまり運ばれません。そのため、キュウリは、ブルームレス・キュウリになるのです。

図　ブルームつきのキュウリ

最近、ブルームつきのキュウリは歯ざわりが良いと見直され、「ブルームきゅうり」として売られていることがあります

34 夏には、十分な太陽の光が、葉っぱに当たっています。暑い中で、せっせと光合成をする**植物たちには、二酸化炭素が不足しているのでしょうか？**

A 不足している
B ちょうど良いぐらいである
C 多すぎるぐらいである

（正解と解説は、104ページ）

35 植物たちは、二酸化炭素を光合成の材料として使っています。そのため、「二酸化炭素を吸収している」とか「二酸化炭素を取り込む」とか表現されます。さて、**どのように、植物たちは、二酸化炭素を吸収するのでしょうか？**

A 人間と同じように、空気を吸い込む
B 二酸化炭素が流れ込んでくるので、積極的に吸い込むのではない
C 植物が呼吸で出す二酸化炭素を使っているので、空気中から吸い込むのではない

（正解と解説は、106ページ）

36 植物が光合成をするためには、二酸化炭素が必要です。光合成を行う**植物たちは、いつ、二酸化炭素を吸収するでしょうか？**

A 光合成を行う昼間だけに吸収する

B 多くの植物は昼間だけだが、夜の間に吸収する植物もいる

C どの植物も、昼にも夜にも、吸収している

（正解と解説は、108ページ）

図　光合成のしくみ

葉っぱは、根から吸った水と空気中の二酸化炭素を材料に、太陽の光を利用してブドウ糖やデンプンをつくっています。これが「光合成」です

34 植物たちには、二酸化炭素が不足しているのでしょうか？

正解 *A* 不足している

植物は、根から吸収した水と、葉っぱが空気中から吸収した二酸化炭素を材料に、太陽の光を使って光合成をしています。二酸化炭素は、光合成の材料になる物質なので、植物たちには多く必要なものです。

この気体は、空気の中に含まれており、空気はいっぱいあるので、「不足するはずはない」と思われます。まして、近年、「大気中の二酸化炭素の濃度は、どんどん上昇している」といわれます。

大気中の二酸化炭素の濃度は、ハワイのマウナロア観測所で1958年から、計測されています。計測開始の当初は、0.0315パーセントでしたが、2013年5月には、1日平均で、はじめて0.04パーセントを超えました。このことは新聞紙上などで話題になり、その後も0.041パーセントを超えた測定値が報じられています。

このような話題から、「植物たちにとって、大気中の二酸化炭素が不足するはずがない」と考えられがちです。ところが、植物たちにとって、二酸化炭素は不足しているのです。

本書 **31** (96ページ) で紹介した**「昼間のまぶしい太陽の光は強すぎるので、葉っぱには使いこなせない」理由は、「光合成の材料である二酸化炭素が不足しているから」**なのです。

不足する原因は、空気中の二酸化炭素の濃度が低いためです。空気中には、窒素が約78パーセント、酸素が約21パーセント、3番目に多いのは、アルゴンという気体で、約1パーセントです。

これらに対し、二酸化炭素は、約0.04パーセントなのです。

「濃度が低くても、空気はいっぱいあるのだから、不足することはないだろう」と考えられるかもしれません。その通りなのですが、次の問題で紹介する、二酸化炭素が取り込まれるしくみを理解すると、その疑問は解決します。

表　大気の組成

成分	体積割合（%）
窒素	78.1
酸素	20.9
アルゴン	0.934
二酸化炭素	0.039
ネオン	0.00182
ヘリウム	0.000524

図　大気中の二酸化炭素の増加曲線

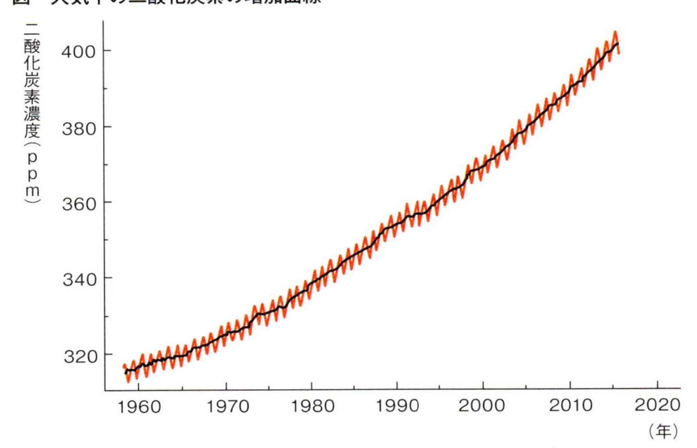

ハワイ島のマウナロア観測所が測定している二酸化酸素濃度の推移。1ppmは0.0001%。アメリカ海洋大気庁（NOAA）の2019年3月22日発表をもとに作成

35

どのように、植物たちは、二酸化炭素を吸収するのでしょうか？

正解 **B** 二酸化炭素が流れ込んでくるので、積極的に吸い込むのではない

気体には、「濃度の異なる二つの気体が接したとき、同じ濃度になろうとする」性質があります。すなわち、高い濃度の気体が、接している低い濃度の気体の方へ移動するのです。

空気中の二酸化炭素は、約0.04パーセント（400ppm）の濃度で、葉っぱの気孔という小さな穴を介して、葉っぱの中の二酸化炭素と接します。葉っぱの中では、二酸化炭素は光合成に使われていますから、これより低く、仮に0.01パーセントとします。すると、0.03パーセントという**濃度の差を利用して、二酸化炭素が葉っぱの中に入ってきます**（右ページの図）。

もし、空気中の二酸化炭素の濃度が1パーセントだとしたら、1パーセントと0.01パーセントという大きな差を利用して葉っぱの中に流れ込んでくるので、ずっと多くの二酸化炭素が入ってくるでしょう。

だから、空気中の二酸化炭素の濃度が低いと、葉っぱの中に取り込まれる量が少なく、光合成に足らなくなるのです。前問で紹介した**「植物たちにとって、空気中の二酸化炭素が不足している」というのは、正確には、「葉っぱの中に入ってこないので、光合成の材料として不足する」ということ**です。

ですから、植物たちの光合成だけを取り上げると、大気中の二酸化炭素濃度の上昇は、歓迎すべきことかもしれません。しかし、**大気中の二酸化炭素の濃度が上昇すると、最も困ることは、温**

暖化がおこることです。温暖化がおこると、気候が変わります。気候が変われば、たとえば、雨の量が変わります。

ある地域では、雨が今までより多く降ります。ある地域では、雨の量が少なくなります。すると、それらの地域で長い間生育してきた植物は、その地域の気候に順応して生きてきたわけですから、降水量が変われば、植物たちの生育は悪くなります。

イネや野菜、果物などのように栽培されてきた植物は、もっと深刻な状況になります。なぜなら、その地域の気候に合うように、品種改良されてきており、栽培のノウハウが確立されています。降水量が変われば、品種の特性も栽培のノウハウも生かせなくなります。植物たちの生育は悪くなり、収穫量が大幅に減ります。

結局、大気中の二酸化炭素濃度の上昇に対し、私たちは慎重にならなければなりません。

図　葉っぱによる二酸化炭素の取り込み

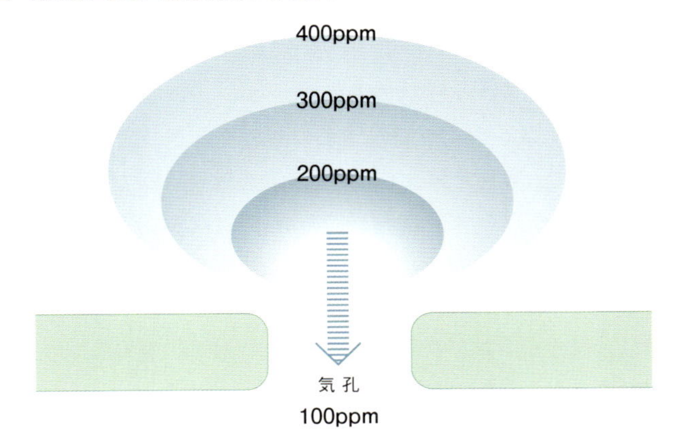

36

植物たちは、いつ、二酸化炭素を吸収するでしょうか？

正解 *B*　多くの植物は昼間だけだが、夜の間に吸収する植物もいる

光合成をするためには、二酸化炭素が必要です。植物たちは、光合成に使える光が当たっているときには、多くの二酸化炭素を取り込みたいのです。そのためには、気孔をできるだけ大きく開けなければなりません。

ところが、気孔を大きく開けると、多くの水が蒸散し、からだの中の水分が失われます。かといって、**気孔を閉じて水の蒸散を防ぎ続けていると、光合成に使える太陽の光がせっかくあっても、二酸化炭素を取り込めないので、光合成ができません**。

これが植物たちの悩みであり、特に、気孔を開けると多くの水が蒸散で失われる乾燥地に生きる植物は、深刻に悩んできたに違いありません。

そんな悩みを抱えた植物たちの中から、「それなら、太陽の光が強い昼間には、気孔を閉じて水の蒸散を防ぎ、**太陽の光がない涼しい夜に、気孔を開けて二酸化炭素を取り込めばいい**だろう」と、そのような術を身につけた植物たちが現れました。

これらは、夜の暗闇の中で、二酸化炭素を吸収し、からだの中に貯蔵します。もちろん、夜の暗闇の中で取り込まれた二酸化炭素は、光がないのですぐには光合成には使われません。からだの中に蓄えられるだけです。

朝になって、太陽の明るい光が当たるようになると、植物たちは、蓄えていた二酸化炭素を取りだします。そして、太陽の光の

エネルギーを利用して、それを材料として光合成に使うのです。

このような性質をもつ植物たちは、CAM（カム）植物といわれます。CAM植物の代表が、ベンケイソウです。「CAM」とは、「ベンケイソウ型有機酸代謝」を意味する「Crassulacean Acid Metabolism」の各単語の頭文字を三文字並べたものです。

現在、ベンケイソウ科のベンケイソウやセイロンベンケイソウ、サボテン科のサボテン、アナナス科のパイナップルやアナナス、ススキノキ科のアロエ（以前はユリ科）などの乾燥に強い多肉の植物などが、CAM植物として知られています。

図　セイロンベンケイソウ

CAM植物の一つで、葉から芽を出す性質があります

秋の章

37 夏を過ぎ、秋にかけて、多くの草花が花を咲かせます。これらの草花は、秋を知る目印となる刺激を葉っぱで感じています。**秋に花咲く草花は、何を目印に、秋の訪れを知るのでしょうか？**

A 夏を過ぎて、低下してきた気温
B だんだんと短くなる昼の長さ
C だんだんと長くなる夜の長さ

（正解と解説は、112ページ）

38

秋に花を咲かせる草花の葉っぱは、前問の刺激でその時期を知ります。それに対し、ツボミができるのは芽です。それなら、葉っぱで刺激を感じたと、芽に伝えられなければなりません。さて、**葉は、ツボミをつくれという合図を、どのように芽に伝えるのでしょうか？**

A　ある物質が葉でつくられ、芽に送られる
B　ある物質が葉で減り、芽からその物質が送られる
C　ある電気信号が葉から、芽へと送られる

（正解と解説は、114ページ）

39

草花に、やさしく、励ましの声をかけて育てたとします。声かけをしないで育てた場合と比べて、**草花にやさしい声をかけて育てたら、どのような花が咲くでしょうか？**

A　大きくりっぱな花を咲かせる
B　きれいな色の花を咲かせる
C　大きさも色も同じ花しか咲かせない

（正解と解説は、116ページ）

37 秋に花咲く草花は、何を目印に、秋の訪れを知るのでしょうか？

正解 C だんだんと長くなる夜の長さ

「なぜ、春に、多くの植物が花を咲かせるのか」の答えは、本書 1 (16ページ)で紹介したように、「暑い夏が近づいているから」でした。同じように、「なぜ、秋に、多くの植物が花を咲かせるのか」という疑問の答えは、「寒い冬が近づいているから」です。

寒さに弱い植物にとって、毎年訪れる寒い冬は、不都合な環境です。ですから、寒さに弱い植物は、冬の寒い期間をタネで過ごすために、秋に花を咲かせ、タネをつくります。ということは、「秋に花咲く植物は、秋の間に、もうすぐ寒くなることを知っている」ことになります。「どのようにして、寒くなることを前もって知るのか」との疑問には、「葉っぱが夜の長さをはかるから」が答えです。「では、夜の長さをはかれば、暑さの訪れが前もってわかるのか」という疑問が続きます。その答えは、「わかる」です。

夜の長さと、気温の変化の関係を考えてみてください。6月下旬の夏至を過ぎると、夜がだんだんと長くなり始めます。夜が最も長くなるのは、冬至の日で、12月の下旬です。それに対し、最も寒いのは2月です。夜の長さは、気温より、約2か月先行して変化するのです。ですから、草花たちは、**葉っぱで夜の長さをはかることによって、寒さの訪れを約2か月前に知る**のです。

ほんとうに、「多くの植物が夜の長さを感じてツボミをつくり，花を咲かせているのか」との疑問がありますが、これは、たとえば、身近なアサガオを使って、次の図のように確かめられます。

図　芽生えが夜の長さを感じてツボミをつくる実験

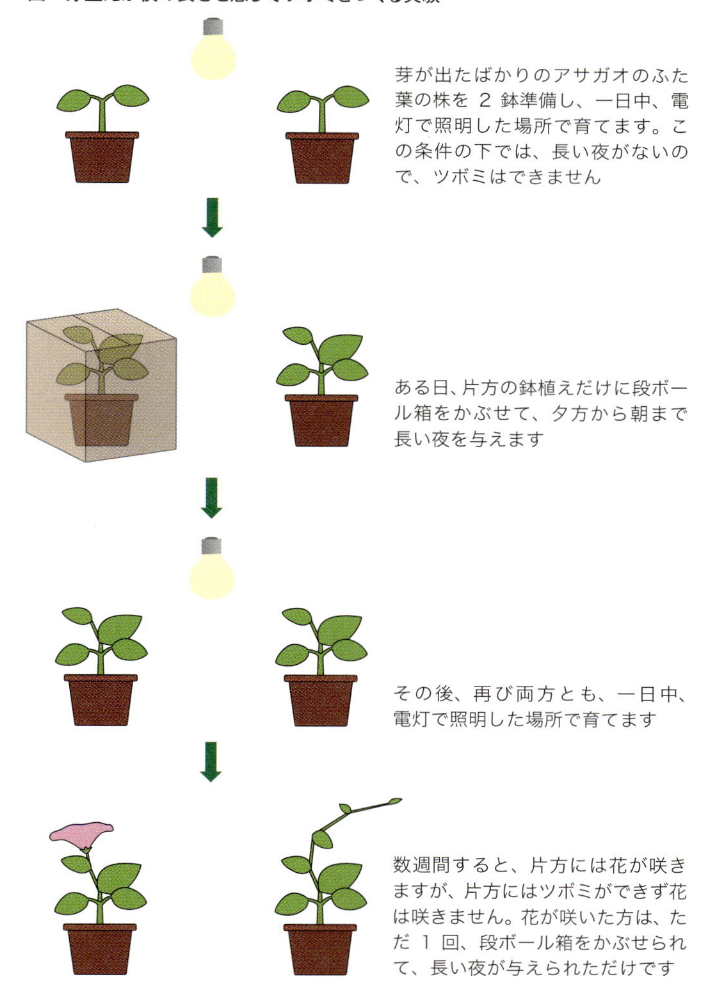

＊たとえ、芽生えに段ボール箱をかぶせて夜の暗黒を与えても、その長さが短い場合（約9時間以下）、ツボミはできません。だから、芽生えが夜の暗黒の長さを感じて、ツボミをつくり、花を咲かせたことになります

38

葉は、ツボミをつくれという合図を、どのように芽に伝えるのでしょうか？

正解 *A* ある物質が葉でつくられ、芽に送られる

ツボミは芽の中でつくられます。一方、夜を葉っぱに与えるだけで、ツボミが形成されるので、植物がツボミをつくるために必要な夜の長さを感じるのは、葉っぱです。

葉っぱと芽は、離れています。とすると、必要な夜の長さを感じた葉っぱと芽は「ツボミをつくるように」という合図をやり取りすることになります。動物のような神経をもたない植物は、どのようにして、葉と芽が合図をやり取りするのでしょうか。

1936年に旧ソ連のチャイラヒアンは、「ツボミをつくるために必要な夜の長さを感じた葉は、葉の中でツボミをつくらせる物質をつくり、それを芽に送るのだ」という仮説を提唱しました。その物質は「フロリゲン」と名づけられました。

そこで、世界中の多くの研究者が、ツボミをつくるために必要な夜の長さを感じた葉っぱから、フロリゲンを取りだそうと試みました。しかし、チャイラヒアンの提唱以来約80年を経ても、フロリゲンを取りだすことに成功しなかったのです。

ところが、近年、シロイヌナズナという植物を使って、フロリゲンの正体が明らかにされてきました。シロイヌナズナでは、**ツボミをつくるために必要な夜の長さを感じた葉で、"FT"と名づけられた遺伝子が働きます**。人為的に、この遺伝子を働かせないようにすると、ツボミの形成が遅れ、逆に、この遺伝子を積極的に働かせると、ツボミがつくられます。また、ツボミをつくるために

必要な夜の長さを感じた葉で、**この遺伝子が働いてつくられるタンパク質が、葉から芽に移動することが見つかっています**。ですから、“FT”という遺伝子がつくりだすタンパク質が、フロリゲンに相当するものと考えられます。

このしくみは、イネにも共通のものです。イネでは、“Hd3a”とよばれる遺伝子が、ツボミをつくるために必要な夜の長さを感じた葉で働きます。この遺伝子がつくりだすタンパク質がツボミをつくらせると考えられています。

図　シロイヌナズナのFT遺伝子とツボミ形成の関係

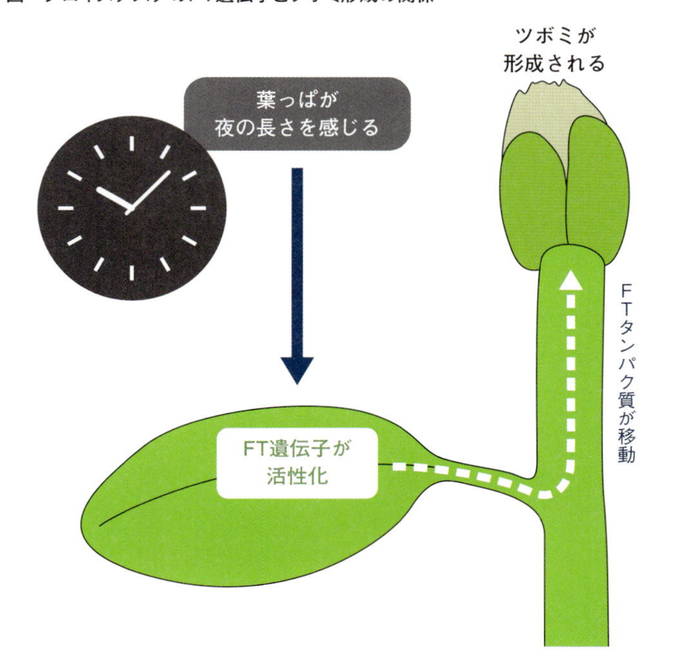

39

草花にやさしい声をかけて育てたら、どのような花が咲くでしょうか？

正解 C　大きさも色も同じ花しか咲かせない

「やさしく励ます言葉をかけて植物を育てると、きれいで美しい花が咲く」などといわれます。植物が言葉を理解するかのような表現です。でも、残念なことに、やさしく声をかけて育てたからといって、特別にきれいな美しい花が咲くことはありません。

しかし、自分の経験を根拠にして、「やさしく励ます言葉をかけて育てると、きれいで美しい花が咲いた」という人がいます。**そのような人たちは、声をかけながら、植物を撫（な）でたり触（さわ）ったりしている**のです。植物たちは、言葉は理解できませんが、“触られた”ということは感じるのです。

触られたのを感じた植物は、触られていないものに比べて、茎が太くなり、伸びるのが遅くなって、背丈が低くなります。背丈を伸ばすための栄養が太くなるのに使われるので、太く短くたくましい茎になるのです。

植物は、自分のからだで支えられる大きさの花を咲かせます。支えられない大きな花を咲かせると、倒れてしまうからです。ですから、茎が太く短くたくましくなった植物は、大きくりっぱな花を咲かせることができます。大きくりっぱな花は、「きれいで美しい花」と形容されます。

それに対し、触られなかった植物は、茎が細く背丈が高くなります。そのため、大きくりっぱな花を支えられないので、自分で支えられる小さな花を咲かせます。

大きくりっぱな花が咲くのは、やさしい言葉をかけながら、撫でたり触ったりした結果です。けっして、植物がやさしい言葉を聞き分けた結果ではありません。

そのように説明したあとにも、「植物が触られることを感じ、きれいな美しい花を咲かせることはわかったが、ひょっとすると、やさしい言葉も理解するのではないのか」と疑念を残す人もいます。そんな人に「植物がやさしい励ましの言葉を理解していない」ことを納得してもらうには、簡単な実験で十分です。

毎日やさしく励ましの言葉をかけるのではなく、ひどい悪口をいいながら、あるいは、**叱り飛ばしながら、触りまくって育てるといいでしょう**。**やさしく励ます言葉をかけながら触りまくって育てたときと同じ、きれいで美しい花が咲きます**。

図　植物の接触実験

植物は、"接触する"という刺激を感じると、からだの中で「エチレン」という気体を発生させます。エチレンには、茎の伸びを抑えて、茎を太くする作用があります。ですから、植物は接触するという刺激を感じると、エチレンによって、茎が太く短くなり、背丈の低いたくましい芽生えになるのです

40 秋には、多くの樹木の葉っぱが黄葉(こうよう)します。**どのようにして、緑色の葉っぱが黄葉するのでしょうか？**

A 秋に、緑色の色素が消える

B 秋に、緑色の色素が消え、黄色の色素がつくられる

C 秋に、緑色の色素が、黄色に変化する

（正解と解説は、120ページ）

41 秋には、多くの樹木の葉っぱが紅葉(こうよう)します。**どのようにして、緑色の葉っぱが紅葉するのでしょうか？**

A 秋に緑色の色素が消える

B 秋に緑色の色素が消え、赤色の色素がつくられる

C 秋に緑色の色素が、紅色に変化する

（正解と解説は、122ページ）

図　紅葉したイロハモミジ（写真左）と黄葉したイチョウ（写真右）

42 きれいに紅葉するには、どのような条件が必要でしょうか？

A 昼間には太陽の強い光が当たって暖かく、夜間には冷え込むこと

B 昼間には太陽の強い光が当たって暖かく、夜間にも暖かいこと

C 昼間の太陽の光が弱くなり、夜間にもよく冷え込むこと

（正解と解説は、124ページ）

40 どのようにして、緑色の葉っぱが黄葉するのでしょうか？

正解 *A* 秋に、緑色の色素が消える

秋になると、イチョウの葉っぱはきれいに黄葉します。**黄葉の特徴は、個々の木の色づきの美しさが、場所によっても、年によっても、違わないこと**です。

たとえば、「あそこのイチョウは色づきが良い」とか「あそこのイチョウは色づきが良くない」と、場所によって、色づきの美しさが見比べられることはありません。「あそこのイチョウ並木は美しい」といわれることはあります。しかし、それは、個々の木の葉っぱの色づきが良いということではなく、黄葉したイチョウの木が集まっているので、並木道が美しく見えるということです。

また、「今年のイチョウの色づきは美しい」とか「今年はイチョウの色づきが良くない」などと、年による、色づきの美しさの違いもいわれません。イチョウの黄葉の色は、違う年だからといって、変わらないのです。

その理由は、「葉っぱが黄葉するために、秋に黄色い色素がわざわざつくられるのではなく、すでにつくられていたものが目立ってくる」だけだからです。夏に、葉っぱが緑色のときに、黄色い色素がすでにつくられているのです。

緑色の色素は「クロロフィル」、黄色の色素は「カロテノイド」という名前です。クロロフィルの緑色は春からずっと葉っぱで目立ち、カロテノイドの黄色は、緑色の濃さに負けてしまい、存在していても目立ちません。

ところが、緑色の色素は寒さに弱いのです。そのため、秋になって、気温が低くなると、緑色の色素は、分解されて、葉っぱから消えていきます。すると、緑色の濃さに負けていた黄色い色素が目立ってきて、葉っぱは黄色くなります。

年によって、秋の気温が低くなる状況は違います。**気温の低下が早くおこる年には、緑の色素が早く消え、黄葉が早めに訪れます**。逆に、秋の気温の低下が遅いと、緑の色素の消えるのが遅くなり、黄葉が遅れます。だから、「今年の黄葉は早い」とか「今年の黄葉は遅い」とかいわれ、黄葉の訪れは年によって異なります。

しかし、冬が近づけば、気温は確実に下がり、緑色の色素はなくなります。ですから、隠れていた黄色の色素が目立ってきて、葉っぱは必ず黄色になります。そのため、イチョウの色づきの美しさは、早い遅いはあっても、年ごとに、場所ごとに、違わないのです。

図　黄葉のしくみ

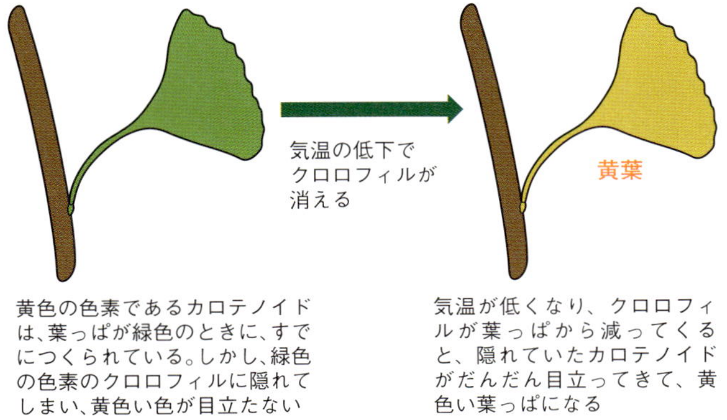
気温の低下で
クロロフィルが
消える
黄葉
黄色の色素であるカロテノイドは、葉っぱが緑色のときに、すでにつくられている。しかし、緑色の色素のクロロフィルに隠れてしまい、黄色い色が目立たない
気温が低くなり、クロロフィルが葉っぱから減ってくると、隠れていたカロテノイドがだんだん目立ってきて、黄色い葉っぱになる

41

どのようにして、緑色の葉っぱが紅葉するのでしょうか？

正解 *B* 秋に緑色の色素が消え、赤色の色素がつくられる

秋に紅葉する代表は、カエデです。この葉っぱの色づき方は、年ごとに異なります。そのため、「今年の色づきはきれい」とか「昨年は色づきが良くなかった」などといわれます。また、「あそこのカエデがきれい」とか「あそこのカエデは、色づきが良くない」のように、場所による違いもいわれます。**紅葉の名所といわれるところであっても、色づきは、年によって、場所によって、違いがある**のです。

この理由は、葉っぱが紅葉するのには、「アントシアニン」という赤い色素が新たにつくられなければならないためです。その条件については、次問で考えますが、その前に、きれいに紅葉するための前提条件を考えましょう。

それは、葉っぱの緑色の色素であるクロロフィルが消えねばならないことです。本書 40（120ページ）で紹介したように、クロロフィルは寒さに出会うと消えていきます。ですから、Aの「秋に、緑色の色素が消えるから」も、きれいな紅葉のためには大切なのですが、これだけでは、紅葉しません。

「何のために、カエデが紅色になるのか」と不思議がられます。残念ながら、「この現象が、このためなのです」と言い切れるほど**明確な理由はわかっていません**。**でも、紅色の色素はアントシアニンです**。これは、本書 27（84ページ）で紹介したように、太陽の光に含まれる紫外線の害を消去する物質です。ですから、こ

の色素に考えられる役割があります。

カエデの木のあちこちに、小さな芽があります。これらは、次の年の春に芽吹き、次の世代を生きる芽たちです。秋の日差しには多くの紫外線が含まれていますから、これらの芽は守られねばなりません。紅葉の葉っぱの色素は、日差しが弱くなる冬までの一時期、紫外線を吸収して、次の年の春に活躍する芽が傷つけられないよう、守っているのです。

図　春先のカエデ科イロハモミジの芽

写真：istockphoto.com/XiFotos

図　紅葉のしくみ

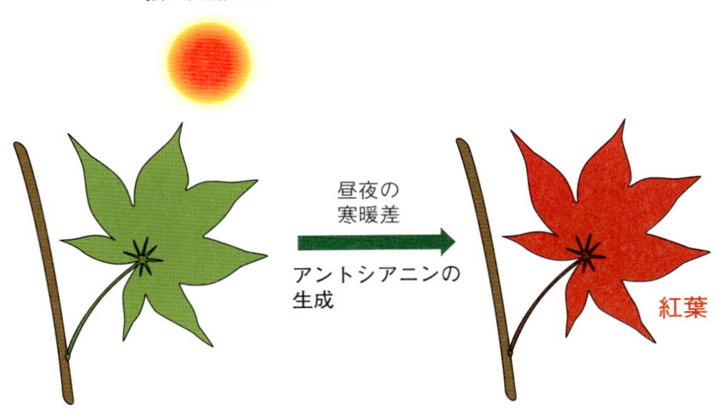

42

きれいに紅葉するには、どのような条件が必要でしょうか？

正解 *A* 昼間には太陽の強い光が当たって暖かく、夜間には冷え込むこと

アントシアニンが多くつくられるためには、満たされねばならない大切な条件があります。それは、昼間は暖かく、紫外線を多く含む太陽の光が強く当たることです。アントシアニンは、紫外線の害を消すために、植物がつくる物質ですから、紫外線が当たらなければなりません。

そして、きれいに紅葉するためには、葉っぱにある緑色の色素が消えなければなりません。クロロフィルが消えるためには、夜に冷えることが必要です。アントシアニンがつくられるために暖かい方がいいので、昼間は暖かくなければなりません。

年によって、昼の暖かさと夜の冷え込み具合は異なります。そのため、年ごとに、色づきが「良い」とか「良くない」ということがおこります。

また、場所によっても、昼と夜の寒暖の差は異なります。太陽の光の当たり方も違うため、紫外線の当たり具合も、場所によって変わります。そのため、紅葉の色づきは、年ごとに、場所ごとに違いが生じるのです。

このあと、色づいた紅葉がきれいな状態で長く維持されるためには、高い湿度が望まれます。湿度が低いと、葉っぱがカラカラに乾燥し老化してしまうからです。

「紅葉の名所」といわれる場所は、**小高い山の中腹にある谷間の斜面**に、多くあります。このような場所では、昼間には、太陽

の強い光が当たり、暖かく、夜間には、冷え込みます。また、空気がきれいに澄んで、紫外線がよく当たります。斜面の下の谷には水が流れており、高い湿度が保たれます。「日本三大紅葉の里」といわれる、京都府の嵐山、栃木県の日光、大分県の耶馬溪などは、これらの条件を満たした場所なのです。

図　嵐山（京都府）

家の庭や公園にある、1本のカエデの木でも、太陽の光がよく当たり、夜に冷たい風が当たる高いところにある外側の葉っぱから、先に赤くなります。真っ赤に染まった紅葉を眺めるだけでなく、身近なカエデの木で紅葉の色づき方を観察してみてください。

秋の章

表　きれいに紅葉する条件とは？

①	昼間、紫外線を多く含む太陽の光が葉によく当たること ➡アントシアニンがつくられる	
②	夜間に冷え込むこと ➡クロロフィルが消える	
③	湿度が高いこと ➡葉っぱが乾燥・老化しにくい	

43 秋に、多くの植物が落葉します。**どのように、落葉はおこるのでしょうか？**

A 葉の柄（葉柄(ようへい)）のつけ根が枯れてきて、そこから枯れ落ちる

B 葉と葉柄の間が枯れてきて、そこから枯れ落ちる

C 葉の葉柄と枝（幹）の間に、落葉する部位がつくられ、そこで離れ落ちる

（正解と解説は、128ページ）

図　イチョウの落ち葉

44

冬の寒さを越す樹木の越冬芽は、秋の間につくられます。この**越冬芽がつくられるきっかけは、何でしょうか？**

A 太陽の光の強さがだんだん弱くなること
B 気温がだんだん下がってくること
C 夜がだんだん長くなること
D 空気がだんだん乾燥してくること

（正解と解説は、130ページ）

45

春に花咲くはずのサクラが、秋に、花を咲かせることがあります。**なぜ、秋に、サクラの花が咲くことがあるのでしょうか？**

A 夏に、毛虫に食べられたりして、葉っぱがなくなるから
B 秋に、春のような暖かい日が続くから
C 秋に、冷え込んだあと、春のような暖かい日が続くから

（正解と解説は、132ページ）

43 どのように、落葉はおこるのでしょうか？

正解 **C** 葉の葉柄と枝（幹）の間に、落葉する部位がつくられ、そこで離れ落ちる

春から働き続けた葉っぱは、晩秋に、枯れ落ちます。これが「落葉」といわれる現象で、落葉する樹木は「落葉樹」とよばれます。

秋から初冬に吹く、強く冷たい風である「こがらし」は、「木枯らし」とか「凩」と書かれ、いかにも、木を枯らすような印象があります。しかし、葉っぱは、**風で枯れ落ちるのではありません**。葉っぱは自分で準備をして、枯れ落ちるのです。

葉っぱは、**寒い冬が近づくと、「冬の寒さの中で、自分はまもなく役に立たなくなる」と感じ、引き際を悟ります**。**葉っぱの“終活”は、枯れ落ちるための支度（したく）です**。

葉っぱは、枯れ落ちる前に、緑色のときにもっていたデンプンやタンパク質などの栄養物を、樹木の本体に戻します。樹木の本体に戻された栄養分は、樹木が生きていくために大切なものです。

ですから、すぐに使われる場合もあれば、冬の間、タネや果実の形で貯蔵される場合もあります。春に芽吹く芽や、地中の根に蓄えられるものもあります。

「葉っぱは自分で準備をして枯れ落ちる」と考えられる理由は、葉っぱが栄養を本体に戻すことだけではなく、葉っぱからの指令で、枯れ落ちる部分が形成されることです。

葉っぱは、緑色の平たく広がった部分である「葉身」と、葉身を枝や幹につないでいる「葉柄」とで、成り立ちます。葉っぱは、枯れ落ちる前に、葉柄のつけ根付近に「切り離すための場所」を

形成します。この個所は、「離層」といわれます。

　この部分で、葉っぱは枝から離れ落ちます。落ちたばかりの葉っぱの葉柄の先端は、まだ新鮮な色をしています。「枯れ葉」といわれますが、葉が枯れて落ちるのではないのです。

　離層は、枝や幹からではなく、葉っぱからの働きかけで形成されます。働いている葉っぱでは、葉身がオーキシンをつくって、葉柄に送り続けており、送られてくるオーキシンが、離層の形成を抑えているのです。**引き際を悟った葉っぱは、オーキシンを送ることをやめ、自分で離層の形成を促して枯れ落ちる**のです。

図　落葉のしくみ

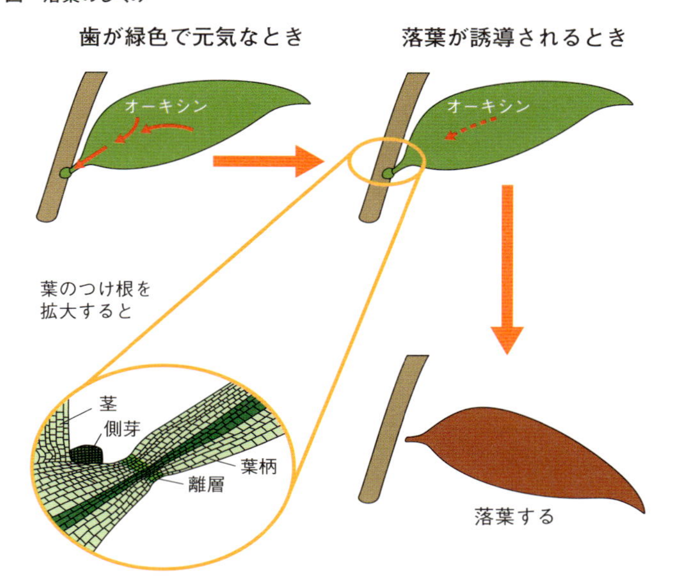

オーキシンが葉身から葉柄に送られなくなると、葉柄の基部に離層ができ、その部分で、葉っぱは切り離されます

44

越冬芽がつくられるきっかけは、何でしょうか？

正解 C　夜がだんだん長くなること

越冬芽は冬の寒さをしのぐものですから、冬の寒さがくる前につくられねばなりません。越冬芽をつくる樹木は、冬の寒さが訪れることを、寒くなる前に知る能力をもっていなければなりません。樹木は、どのようにして、冬の寒さが訪れることを、寒くなる前の秋に知ることができるのでしょうか。

その答えは、「葉っぱが、夜の長さをはかるから」です。本書 37（112ページ）で紹介した、秋に花咲く草花が冬の訪れを前もって知るのと、同じしくみです。夜の長さと気温の変化の関係を復習しておきます。

夜の長さは夏から秋にだんだん長くなり、かなり大きく変化します。夜の長さは、夏至の日を過ぎて、だんだんと長くなります。夜の長さが最も冬らしく長くなるのは、冬至の日です。この日は、12月の下旬です。

それに対し、冬の寒さが最も厳しいのは、2月ごろです。夜の長さの変化は、寒さの訪れより、約2か月先行しています。ですから、**葉っぱが夜の長さをはかっていれば、冬の寒さの訪れを約2か月先取りして知ることができる**のです。

だんだんと長くなる夜を感じるのは、「葉っぱ」です。ところが、越冬芽がつくられるのは、「芽」です。とすれば、「葉っぱ」が長くなる夜を感じて、「冬の訪れを予知した」という知らせを、「芽」に送らねばなりません。

図　越冬芽がつくられるしくみ

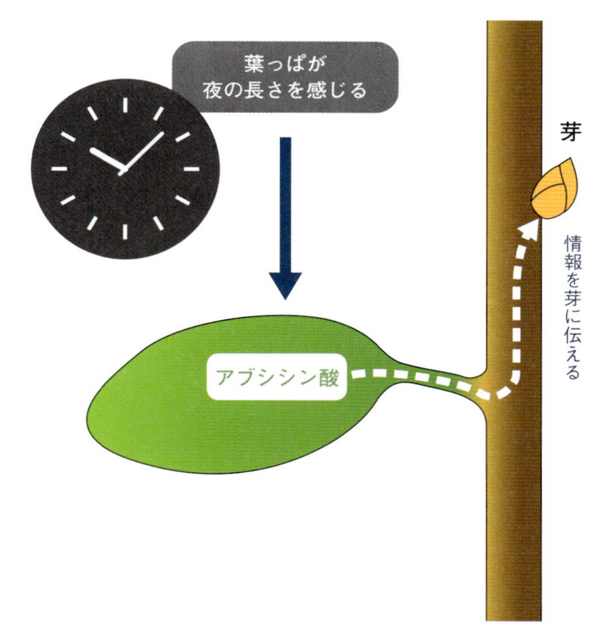

夏から秋、夜の長さはだんだんと長くなり、葉っぱはそれを感じます。越冬芽がつくられるのは「芽」ですから、「葉っぱ」がだんだんと長くなる夜を感じると、「冬の訪れが近づいている」という知らせを、「芽」に送らなければなりません。そのために、葉っぱが、夜の長さに応じて「アブシシン酸」という物質をつくり、芽に送ります。芽にその量が増えると、ツボミを包み込んだ越冬芽ができるのです。こうして、夏にできたツボミは、越冬芽に包み込まれて、春を待ちます

植物は、動物の神経のような刺激の伝達手段をもっていません。**そこで、夜の長さに応じて、葉っぱが「アブシシン酸」という物質をつくり、芽に送ります**。芽にその量が増えると、ツボミを包み込んだ越冬芽がつくられるのです。

45 なぜ、秋に、サクラの花が咲くことがあるのでしょうか？

正解A 夏に、毛虫に食べられたりして、葉っぱがなくなるから

本書 4 (24ページ) で紹介したように、サクラのツボミは夏にできています。ですから、「秋に、冷え込んだあと、春のような暖かい日が続くから」という可能性がないわけではありません。でも、よく見られる、サクラの秋の開花は、「夏に、毛虫に食べられたりして、葉っぱがなくなるから」が原因です。

秋にサクラの花が咲く現象を理解するためには、春に花咲くサクラのツボミは前年の夏にすでにつくられ、秋に開花せず、越冬芽（あるいは、冬芽）という冬の寒さをしのぐ硬い芽に包まれるしくみを知らなければなりません。そのしくみには、葉っぱが大切な働きをしています。

前問（130ページ）で説明した、越冬芽ができるしくみがわかると、秋にサクラの花が咲く現象の理由がわかってきます。**葉っぱが夜を感じてアブシシン酸をつくり、それが芽に送られると、越冬芽になるのです**。「もしも、毛虫に食べられて、葉っぱがなくなってしまったら」と考えてください。

葉っぱがなくなると、秋になっても、夜の長さを感じられず、アブシシン酸がつくられません。そのため、芽にはアブシシン酸が送られてきません。とすれば、越冬芽がつくられず、**ツボミは越冬芽に包み込まれることはありません**。**ですから、春と同じような秋の暖かさの中で、ツボミは開いてしまいます**。

図　秋に咲くソメイヨシノ

春に咲くときと比べて、がく片が大きくなる傾向があります（京都府京都市）

写真：ciba

図　春にも秋にも咲くサクラ

葉っぱの有無に関係なく、春にも秋にも咲くサクラもあります。写真はシキザクラ（愛知県豊田市川見町）

46 春に花咲くはずのサクラが、秋の台風のあとに、花を咲かせることがあります。**なぜ、台風のあとに、サクラの花が咲くことがあるのでしょうか？**

A 台風の強い風で、葉っぱが引きちぎられるから
B 雨の少ない台風で、葉っぱが枯れるから
C 多量の雨を伴う台風で、葉っぱが枯れるから

（正解と解説は、136ページ）

47 **秋に出る「来春の花粉飛散予想」は、当たるでしょうか？**

A あくまで予想であり、根拠も乏しく、当たることもあり、当たらないこともある
B 「多い年の翌年は少なく、少ない年の翌年は多い」という傾向があるので、ほぼ当たる
C 秋に、雄花のツボミの数と発育を調べてから出すので、ほぼ当たる

（正解と解説は、138ページ）

48 発芽に必要な条件は、「適切な温度、水、空気（酸素）」であり、これらが、「発芽の３条件」といわれます。この条件に、光は入っていません。では、**「光が当たらないと、発芽しない」というタネはあるでしょうか？**

A　発芽の３条件に光は入っていないから、「光が当たらないと発芽しない」というタネはない

B　光がないと発芽したあとに生きていけないから、「光が当たらないと発芽しない」というタネはある

C　タネは光を感じないから、「光が当たらないと発芽しない」というタネはない

（正解と解説は、140ページ）

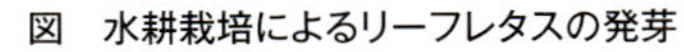

図　水耕栽培によるリーフレタスの発芽

46

なぜ、台風のあとに、サクラの花が咲くことがあるのでしょうか？

正解 *B*　雨の少ない台風で、葉っぱが枯れるから

　秋の台風で、葉っぱがなくなることがあります。風で葉っぱが吹き飛ばされるわけではなく、主に「塩害」で、葉っぱが枯れ落ちるためです。塩害というのは、文字通り、「塩の害」です。台風が塩を含んだ海水を運んできて、木々の葉っぱに塩水がつき、その塩のために葉っぱが枯れ落ちる現象です。

　ふつうの台風では、雨が伴うために、運ばれてきた塩水が木々の葉っぱに付着しても、塩は雨で洗い流されます。ところが、雨が少ない台風の場合、葉っぱについた塩が洗い流されず、塩害がおこります。そのため、サクラの花が咲いてしまうのです（下図）。これが、台風によって、秋にサクラの花が咲く現象なのです。

図　塩害で葉っぱが枯れ、花が咲くしくみ

海上で発生する台風には、
海水の塩分が混じっており、
葉っぱに塩がつきます

雨が降らないと

雨が降ると

塩分は洗い流されます

「秋に、サクラの花が咲く」現象は、台風により、葉っぱが枯れ落ちることが原因です。**サクラが単純に季節を間違えたわけではなく、植物のきちんとしたしくみに基づいておこる**のです。

秋にサクラの花が咲くと、季節外れに花が咲いたという意味で「不時咲き」といわれますが、「狂い咲き」というひどい言葉が使われることがありました。しかし、ここで紹介したしくみが知られてきたからでしょうか、2018年の秋、台風のあとに全国のあちこちでおこったサクラの開花は、いくつかのメディアで、「台風からの贈り物」や「台風の置き土産」と表現されていました。

「秋に花が咲いてしまうと、翌年の春の開花はどうなるのか」と心配されます。夏につくられたツボミが秋に開いてしまうと、そのツボミは翌年の春に花咲くことはありません。でも、**秋に多くの花が咲いているように感じても、その個数はそんなに多くはありません**。**そのため、翌年の春には、何ごともなかったように、サクラの開花を楽しむことができるはず**です。

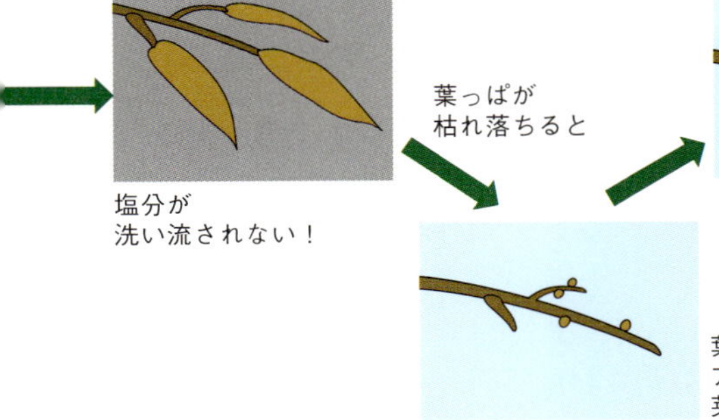

47 秋に出る「来春の花粉飛散予想」は、当たるでしょうか？

正解 C　秋に、雄花のツボミの数と発育を調べてから出すので、ほぼ当たる

春に飛散する花粉の量は、前年の夏の気温や、その後の雄花の成長に支配されます。しかし、スギの木にとっては、花粉をつくるために、多くのエネルギーが必要です。だから、花粉も、毎年、多く飛ぶわけではありません。

エネルギーを使わずに蓄えた木が、翌年の春、勢いよく多くの花粉を出すと予想されます。そのため、花粉が少ない年が続き、何年かごとに大量の花粉が飛ぶこともあります。

しかし、毎年、秋に「来年の春は、飛ぶ花粉が少ない」とか、「来春の花粉は、例年の5～6倍は飛ぶ」とかの花粉の飛散予報には、もっと確かな二つの根拠があり、この予想はほぼ当たるのです。

スギは、花粉をつくる雄花とタネをつくる雌花が別々に1本の木に咲く樹木です。ツボミは、夏にできます。そして、**7月の温度が高いほど、花粉をつくる雄花のツボミが多くできる**ことがわかっています。

図　スギの雄花

だから、翌春に飛散する花粉量を予想するために、まず、夏につくられる雄花の数を調べるのです。これが、予報の一つ目の根拠となります。

次は、秋に、それらのツボミがよく成長しているかを調べます。もし、成長の具合が良くなければ、春に多くの花が咲かないことになります。一方、**たくさんの雄花が成長していると、春になって、多くの花粉が飛ぶ**ことが予想されます。これが予報の二つ目の根拠です。

秋から冬にかけて、雄花は成長をやめます。だから、予想はここまでです。実際に春に飛ぶ花粉の量は、このあとの気温などの影響も受けますが、ここまでの調査でかなり確かな予報ができます。ですから、秋に出される予想はほぼ当たるのです。

図　2019年の花粉飛散傾向予想

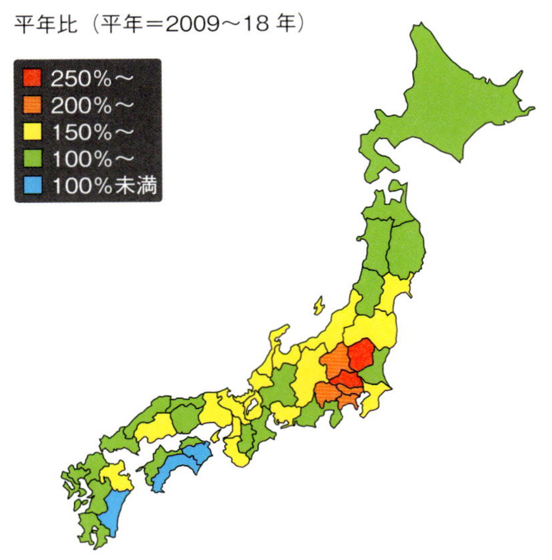

2019年の飛散量は、全国平均では平年の6割増と報じられました。ウェザーニューズ「第一回花粉飛散傾向」（10月1日発表。スギ・ヒノキ、北海道はシラカバ）をもとに作成

48 「光が当たらないと、発芽しない」というタネはあるでしょうか？

正解 *B* 光がないと発芽したあとに生きていけないから、「光が当たらないと発芽しない」というタネはある

栽培されている植物は、発芽したあと、育ちやすい環境を私たち人間が準備するので、発芽の3条件が満たされれば、発芽すればいいかもしれません。しかし、自然の中を自分で生きていかなければならない**雑草などは、発芽の3条件が満たされたからといって、発芽してはいけません**。**発芽の3条件の中には、「光」が入っていないから**です。

もしタネが光の当たらない場所で発芽すれば、芽生えは、しばらくの間、タネの中に貯蔵していた養分で成長できます。しかし、その後は、水と二酸化炭素を材料に、光を使って、成長に必要な栄養をつくるために「光合成」をしなければなりません。もし光が当たらなければ、芽生えはやがて枯れてしまいます。タネのままであれば、植物は都合の悪い環境を避けて生き続けることができます。

ですから、**発芽しても生きていけない環境であるなら、タネは発芽しない方がいい**のです。発芽後の成長に好適な条件が訪れるまで、発芽する機会を待ち続けた方が得策です。

そのため、発芽に光を必要としているタネは、光の当たらない暗闇の中では、発芽の3条件が与えられても、発芽することがありません。このように、発芽する能力はあっても、発芽の3条件以外の条件が満たされないために、発芽の3条件を与えられても

発芽しないタネの状態は、「休眠」とよばれます。

1907年、ドイツのキンツェルは、ドイツ国内に生育していた965種類の植物のタネの発芽に、光が必須かどうかを調べました。そして、「672種類の植物のタネは、光がなければ発芽せず、258種類の植物のタネは、強い光が当たると発芽が抑制されるものの発芽に光は必要である」という調査結果を報告しています。965種類のうち、光の影響を受けないのは35種類でした。

発芽に光が必要な植物は多いのです。発芽に光を要求するものは、「光発芽種子」といわれます。それに対し、光が当たると発芽が抑制されるタネは、「暗発芽種子」とよばれます。

表　光発芽種子と暗発芽種子の例

光発芽種子 （光が当たると発芽促進）	暗発芽種子 （光が当たると発芽抑制）
ツキミソウ、シソ、ミツバ、レタス、オオバコ、タバコなど  タネをまくとき、深く埋めると発芽しません。パラパラとタネをまき、軽く土をかぶせるなどして栽培します。写真はリーフレタス	カボチャ、ケイトウ、トマト、キュウリ、シクラメン、ホトケノザなど  タネをまいたとき、光が当たっていると発芽しません。地面に穴を掘ってタネを入れ、土で覆って栽培するのが一般的。写真はキュウリ

49 秋には多くの植物のタネができ、春に芽を出します。このような植物のタネが発芽するためには、「春のような温度、水、空気(酸素)」という３条件が必要です。では、**秋にできたタネに、発芽の３条件を与えると、発芽するでしょうか？**

A １週間ほどで、発芽する
B 数週間はかかるが、発芽する
C いつまでも発芽しない

（正解と解説は、144ページ）

50 秋は、“味覚の秋”といわれ、おいしい果物が多く出まわります。さまざまな品種のものがあり、新しい品種のものが見られることもあります。さて、**果物の新品種の株は、どのように増やされるのでしょうか？**

A タネをとり、苗木を育てて増やす
B 枝を切り、接ぎ木して増やす
C 枝を切り、挿し木して増やす

（正解と解説は、146ページ）

51　春に花咲くチューリップやヒヤシンス、スイセンなどの球根類の植物では、秋に球根を花壇に植えます。**なぜ、秋に、冬の寒さに向かうように、球根を植えるのでしょうか？**

A　寒さに出合わないと、ツボミができないから
B　寒さに出合わないと、ツボミが成長しないから
C　春になってから植えると、芽が出るのが遅れるから

（正解と解説は、148ページ）

図　春に花咲く秋植えの球根

ヒヤシンス

ムスカリ

ラナンキュラスの花

ラナンキュラスの球根

49 秋にできたタネに、発芽の３条件を与えると、発芽するでしょうか？

正解　C　いつまでも発芽しない

この問題は、本書 **11**（42ページ）の復習です。簡単な実験で、「秋に結実したタネは、冬の寒さを感じなければ、発芽しない」ということが確認できます。

秋に結実したタネを、採取後すぐにまきます。シャーレに水を含んだティッシュペーパーを敷き、その上に採取したタネをまきます。暖かい室内にシャーレを置いていても、ほとんど発芽してきません。

もう１枚同じものを用意し、しばらくの期間、冷蔵庫に入れておきます。そして、発芽するようなふつうの室温に戻すと、発芽がおこります。

冷蔵庫に入れておく期間が長ければ長いほど、発芽率は上昇します。秋に結実したタネは、冬の低温を感受しなければ発芽しないようになっていることが確認できます。

もし結実した秋にすぐ発芽すれば、芽生えはやがてやってくる冬の寒さで確実に枯死します。秋に結実するタネは、見かけは完全でも発芽能力をもたず、**冬の寒さを体験すれば発芽するようになっている**のです。

「秋に結実したタネは、低温を感受しなければ発芽しない」という性質は、自然の中で冬をやり過ごすのに役立っています。アカザ、エノコログサ、ブタクサなどの雑草のタネや、トネリコ、カエデ、ユリノキ、クルミ、リンゴ、モモなどの多くのタネが、この性質をもっています。**いったん発芽すると、寒さを逃れて移動するようなことはできない植物が、種族の保存をはかるしくみ**です。

低温を受ける前のタネの中には、発芽を阻害する物質、アブシシン酸が多く含まれます。低温を受けるにつれて、この物質の含量が減ります。**アブシシン酸が発芽を抑制する物質であるのに対し、ジベレリンという物質は、発芽を促します**。低温を受けたあと、暖かくなると、ジベレリンの量が増えます。ジベレリンは、本書 **12** (44ページ) で紹介した、発芽を促す物質です。

図　低温が発芽におよぼす影響

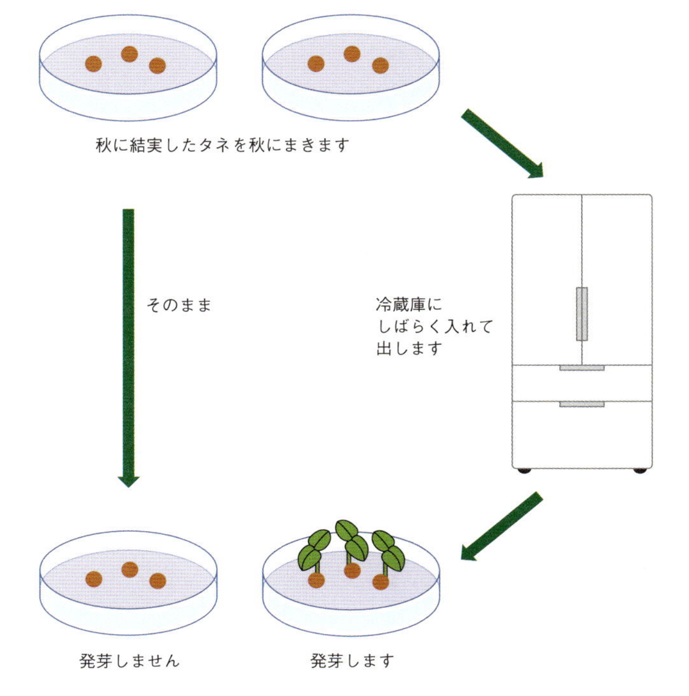

50

果物の新品種の株は、どのように増やされるのでしょうか？

正解 *B* 枝を切り、接ぎ木して増やす

新しい品種が生まれる方法には、「偶発実生」、「枝変わり」、「交配」などがあります。しかし、どのような方法で得られたとしても、最初の芽生えや枝には、共通していることがあります。それは、**最初は、たったの1本の木、あるいは、1本の枝しかない**ことです。偶発実生や交配の場合には、1本の木しかありません。枝変わりの場合には、1本の枝しかありません。

「これを、どのようにして増やせばよいのか」と考えてください。同じ品種名の果物は、色、形、味、香り、大きさなど、みんな同じにならなければなりません。そのために、新しく生まれた品種を普及させたいときは、「接ぎ木」で増やすのです。**接ぎ木で増やせば、増やされた株は遺伝的にまったく同じ性質**をもちます。

接ぎ木以外には、枝の途中から根を生えさせて、そこから切り離して、新たな株を得るという「取り木」という方法がありますが、手間がかかり、一般的ではありません。切り枝を土に挿す「挿し木」は、成功の確率が低く、成長に時間がかかります。

接ぎ木で増やす利点は、「台木に年齢を経た木や枝を用いることで、実がなるまでの期間が、タネから育てるよりも短縮できる」こともあります。

タネをつくって増やすことはできません。なぜなら、タネには、花粉をつくる品種と、タネをつくる品種の性質が混じり合うからです。

表　新しい品種の生まれ方

① 「偶発実生」

偶然に生まれた実生（芽生え）が見つかる場合です

二十世紀　　日向夏　　清水白桃

② 「枝変わり」

茎や枝の先端にある成長点の細胞で突然変異がおこった場合です

ふじ　　ひろさきふじ

③ 「交配」

計画的に新しい品種をつくりだす方法です

ピオーネ　　藤稔　　ブラックビート

51 なぜ、秋に、冬の寒さに向かうように、球根を植えるのでしょうか？

正解 ***B*** 寒さに出合わないと、ツボミが成長しないから

チューリップ、ヒヤシンス、スイセンなどの春咲きの球根は、秋に植えられます。「なぜ、寒い冬に向けて、球根を植えるのか」と疑問に思われます。

これらの植物は、夏に、ツボミをつくっています。でも、そのまま、秋に花が咲いてしまうと、その後にやってくる冬の寒さのために、植物は枯れてしまいます。すると、タネはつくられません。また、花が萎れたあとに、寒さのために、球根が大きく成長することも、球根が増えることもできません。

ツボミは、寒い冬が通り過ぎたことを確認したあとでなければ、花咲かないのです。そのために、球根は冬の寒さを自分で体感しなければなりません。

たとえば、チューリップの場合、そのツボミは、8～9℃という低い温度を3～4か月間受けないと、成長しません。そのため、自然の中で、低温を受けるためには、秋に植えられなければならないのです。**冬の寒さにさらされることで、8～9℃という低い温度を3～4か月間受けるという条件は満たされます**。だから、

図　雪解けに芽を出すチューリップ

春に暖かくなると、ツボミが成長を始め、花咲くのです。

チューリップ、ヒヤシンス、スイセンなどの球根には、「冬の寒さを自分のからだで感じ、冬が通り過ぎたことを確認しないと、花を咲かせない」という用心深い性質が身についているのです。

図　夏に球根の中でツボミをつくっていたチューリップ

そこで、このような球根を秋に植えつけると、気温が低下して8～9℃という低温を十分な期間受けます。その後、春の気温の上昇とともに、芽が出て、葉っぱが伸び、4月ころに花が咲きます。

表　チューリップ促成栽培の温度プログラム

温度（℃）	期間（週）	おこること
20	3	ツボミができる
8	3	ツボミが発達
9	10	芽が出る
13	3	葉が、3cmに伸びる
17	3	葉が、6cmに伸びる
23	3	開花

冬の章

52 冬の寒さの中で、緑に輝く葉っぱをつけたまま過ごす植物たちがいます。**なぜ、寒い中、枯れずに緑のままでいられるのでしょうか？**

A 冬の寒さに向かって、準備しているから
B 準備しなくても、もともと寒さに強いから
C 寒さを感じない植物だから

（正解と解説は、152ページ）

53 冬、寒さにさらされた野菜は「甘い！」といわれます。**なぜ、寒さを乗り越えた野菜は、甘いのでしょうか？**

A 甘みの成分が増えたから

B 人間の味覚が敏感になり、甘みが増えたような気がするから

C 寒さを乗り越えたことに加えて、暖かくなってくると甘みが増えるから

（正解と解説は、154ページ）

54 冬の樹木の枝には、秋につくられた越冬芽がついています。このような**冬の越冬芽を芽吹かせるには、どうしたらよいでしょうか？**

A 春のような暖かさを与える

B 夏のような暑さを与える

C 冬のような寒さを与えたあと、春のような暖かさを与える

（正解と解説は、156ページ）

52 なぜ、寒い中、枯れずに緑のままでいられるのでしょうか？

正解 *A* 冬の寒さに向かって、準備しているから

冬の寒さの中で、緑に輝く葉っぱで過ごす植物たちが、「寒さを感じない」鈍感な植物というようなことは、とんでもない誤解です。それらの植物は、冬の寒さの訪れを見すえて、きちんと準備しているのです。

緑色の葉っぱは、冬でも、太陽の光を受けて栄養をつくる光合成という働きをしています。この働きをするためには、冬の寒さで凍ってはいけません。冬の寒さにさらされても凍らない性質を身につけていなければなりません。

そのため、これらの植物は、冬に向けて、葉っぱの中で、凍らないための物質を増やします。たとえば、糖分です。「糖分」というのは、「砂糖」の仲間と考えて差し支えありません。

冬に向けて、**葉っぱが糖分を増やす意味は、砂糖を溶かしていない水と、砂糖を溶かした砂糖水とで、どちらが凍りにくいかを考えれば、わかります**。

冷蔵庫で凍らせてみると、砂糖水の方が凍りにくいことは、すぐにわかります。そして、溶けている砂糖の量が多くなれば多くなるほど、ますます凍りにくくなります。水の中に糖分が溶け込むほど、その液の凍る温度が低くなるのです。

液体の水が固体の氷に変わることは「凝固する」といわれ、それが生じる温度が「凝固点」です。ふつうの水なら、凝固点は0℃です。ところが、水に砂糖などの物質が溶けると、凍る温度が低

くなります。これが「凝固点降下」とよばれる現象です。

凝固点降下とは、「純粋な液体は、揮発しない物質が溶け込めば溶け込むほど、固体になる温度が低くなる」ということです。言い換えると、**水の中に糖分が溶け込むほど、その液の凍る温度が低くなる**ということです。

ですから、糖分を増やした葉っぱは、冬の寒さで凍らずに、緑のままでいられるのです。実際には、ビタミン類やアミノ酸なども溶け込むので、それらの物質による凝固点降下の効果により、ますます凍りにくくなります。

図　凝固点降下のしくみ

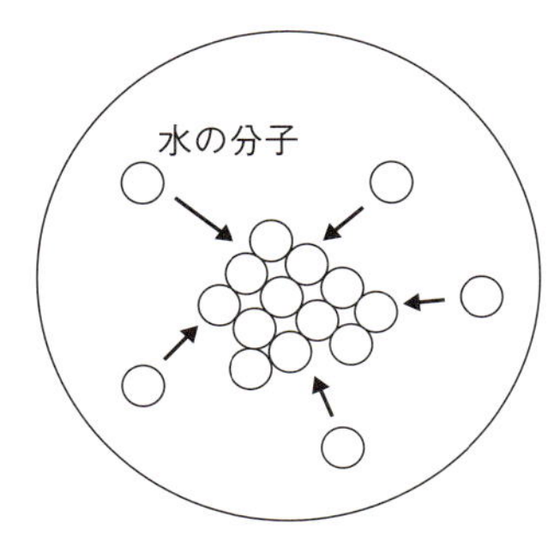

水だけのとき

水の分子が集まって、
氷になります

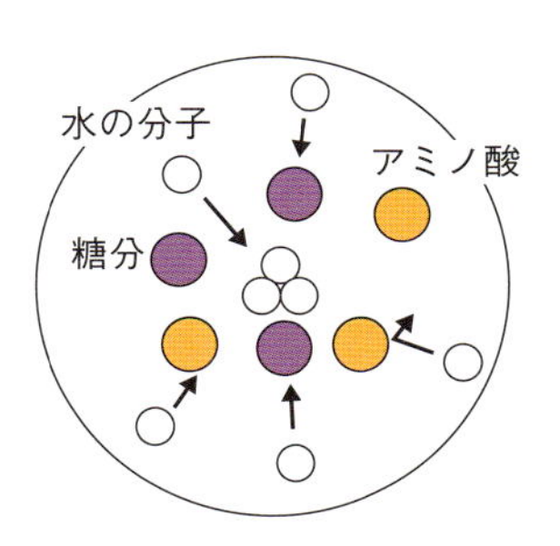

**水に糖分やアミノ酸が
溶け込んでいるとき**

水の分子が集まりにくく、
凍りにくい状態

53 なぜ、寒さを乗り越えた野菜は、甘いのでしょうか？

正解 *A* 甘みの成分が増えたから

寒さを越える野菜も、前問で紹介した樹木の葉っぱと同じように、糖分などを増やして、冬の寒さをしのぎます。そのため、冬の寒さを乗り越えてきた野菜、たとえば、ダイコンやハクサイ、キャベツやニンジンなどは、「甘い」といわれます。**冬の寒さを乗り越えるときに、糖分が増えて、甘みが増している**のです。

冬に出荷されるホウレンソウは、冬に、暖かい温室で栽培されています。ところが、出荷前にわざわざ一定期間、温室の中に冬の寒風を吹き入れて育てるホウレンソウがあります。「寒じめホウレンソウ」といわれます。糖分を増やし、甘みを増すことが目的で、寒さにさらすのです。

冬のコマツナは、温室で栽培されています。寒じめホウレンソウと同じように、出荷前に一定期間、温室の中に冬の寒風が吹き入れられ、わざわざ寒さにさらされます。それによって、甘みが増えます。それが、「寒じめコマツナ」とよばれるものです。

図　寒じめホウレンソウ

また、「雪下ニンジン」とよばれるニンジンが、早春に出荷されま

す。これは、秋に収穫されずに、冬の寒い間、雪の下に埋められたニンジンです。とても甘く、「糖度は、ふつうのニンジンの約2倍になる」などといわれます。

秋に収穫されたクリの実は、収穫された直後の元気な間に、1か月ほど、4℃という低い温度で貯蔵されることがあります。こうすることで、「甘みが数倍増す」などといわれます。

富山県では、厳しい冬の寒さを生かして育てたキャベツ、ニンジン、ダイコン、ネギ、ホウレンソウなどを、“カンカン野菜”と銘打って、販売を促進しています。**カンカンとは、「寒」と「甘」であり、厳しい寒さの中で育ったために甘くなったという意味**です。

寒さに出合って増える主な物質は、糖分です。でも、水に溶けて凝固点降下をもたらす物質、たとえば、**アミノ酸やビタミン類なども増えるので、甘くなるだけでなく、「味が濃くなる」、「旨みが増す」などともいわれます**。

図　ホウレンソウ「弁天丸」の寒じめによる成分の変化

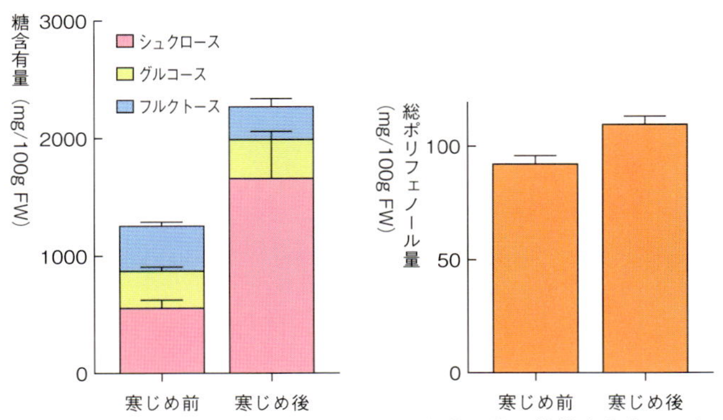

「寒じめ後」は寒じめ20日後の結果。タキイ種苗、農研機構東北農研による2013年3月の発表をもとに抜粋・作成

54

冬の越冬芽を芽吹かせるには、どうしたらよいでしょうか?

正解 **C** 冬のような寒さを与えたあと、春のような暖かさを与える

冬には、多くの樹木の芽は、越冬芽となり、硬く身を閉ざしています。越冬芽は、春になると、いっせいに芽吹きます。そこで、「なぜ、春になると、越冬芽は芽吹いてくるのか」と問いかけてみると、多くの人から「春になって、暖かくなってきたから」という答えが返ってきます。越冬芽が芽吹くためには、暖かくならなければなりません。しかし、越冬芽は、暖かくなったからといって、芽吹くものではありません。

たとえば、秋にできた**越冬芽をもつ枝を、冬のはじめに暖かい場所に移しても、越冬芽が芽吹くことはありません**。冬には、気温が低いために成長しないのではないのです。

暖かさに出合っても芽吹かない越冬芽は、“眠っている”状態であり、「『休眠』している」と表現されます。越冬芽は、「休眠芽」ともいわれ、“眠り”の状態にあります。

秋に越冬芽がつくられるときに、本書 44 (131ページ) で紹介したように、アブシシン酸が葉っぱから芽の中に送り込まれています。これは、休眠を促し、芽吹くのを抑える物質です。ですから、これが越冬芽の中に多くある限り、暖かくなったからといって、芽吹くことはないのです。

芽吹くためには、越冬芽が休眠から目覚める必要があります。そのためには、越冬芽の中のアブシシン酸がなくならねばなりません。この物質は、冬の寒さに出合うと、分解されてなくなりま

す。ということは、越冬芽が芽吹くためには、まず寒さにさらされねばならないのです。冬の寒さの中で、アブシシン酸は分解され、越冬芽は、眠りから目覚めます。そのときは、まだ寒いので、越冬芽は、目覚めたまま、暖かくなるのを待ちます。

目覚めた越冬芽では、暖かくなってくると、「ジベレリン」という物質がつくられるようになります。本書 **12** (44ページ) では、ジベレリンがタネの発芽を促進することを紹介しましたが、越冬芽の芽吹きも促す物質なのです。そのため、暖かくなると、越冬芽は芽吹いてくるのです。

春に芽吹くという現象の裏に、冬の寒さが通り過ぎたことを確認してから目覚め、春の暖かさに反応して芽吹きを始めるという2段階のしくみが、働いているのです。

図　芽でおこること

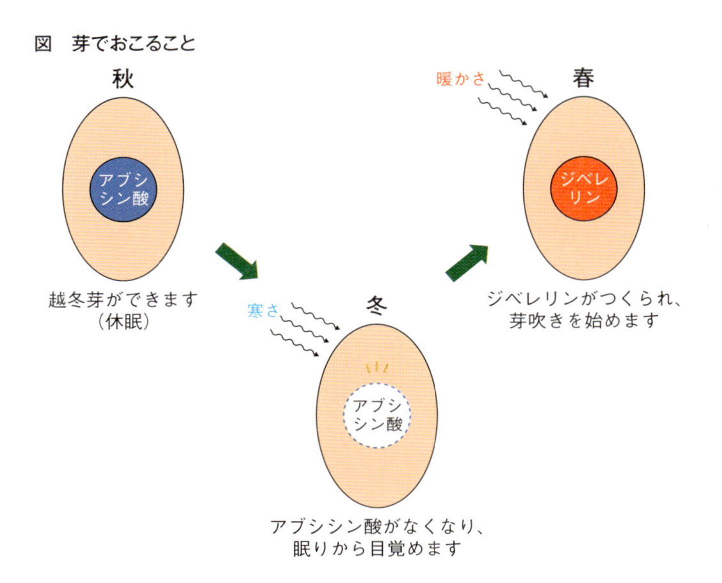

55 樹木の越冬芽には、緑色ではなく、赤い色をしているものが多くあります。**なぜ、赤い色をした越冬芽があるのでしょうか？**

A 芽の緑の色素が、寒さのために赤色に変化したから
B 赤い色素で、芽の中を守っているから
C 赤い色に見えるのは、芽が枯れているから

（正解と解説は、160ページ）

56 「水栽培」している球根は、寒さの中で冷たい水につかっています。「水が冷たいので、かわいそう」と思って、**春咲きの球根を、冬に暖かい部屋で水栽培すると、どうなるでしょうか？**

A 冬に、花が咲き始める
B 春になると、きれいでりっぱな花が咲く
C 春になっても、きれいでりっぱな花は咲かない

（正解と解説は、162ページ）

57

秋にコムギのタネをまいて発芽させると、冬には、発芽した芽を踏みつける「麦踏み」をしなければなりません。それを避けるため、**春に、秋まきのコムギのタネをまくと、どうなるでしょうか？**

A　発芽しない
B　発芽するが、芽生えが成長しない
C　発芽し、成長するが、花が咲かない

（正解と解説は、164ページ）

図　トラクターを使った麦踏み

55 なぜ、赤い色をした越冬芽があるのでしょうか？

正解 *B* 赤い色素で、芽の中を守っているから

赤い色素は、アントシアニンです。この色素は、本書 **27** (84ページ) で紹介したように、太陽の光に含まれる紫外線が植物たちのからだに当たると発生する、有害な活性酸素を消去する抗酸化物質です。ですから、この色素に覆われていることによって、越冬芽に考えられる利点があります。

硬い越冬芽の中に包み込まれている大切な部分は、「成長点」とよばれます。これは、春になると、葉っぱをつくりだしながら、自らも芽として成長する部分です。

冬の日差しは弱いとはいえ、葉っぱが枯れ落ちている樹木の越冬芽には、紫外線が直接に当たります。紫外線が当たると生まれる活性酸素から、成長点は守られねばなりません。

成長点を取り囲む越冬芽の小さな赤い葉っぱは、紫外線で発生する活性酸素の害を、アントシアニンを利用して取り除きます。

アントシアニンは、越冬芽だけでなく、芽吹くときの芽も守ります。芽吹くと、新緑の葉っぱが展開してくる植物は多くあります。しかし、**意外と、はじめに展開してくる葉っぱは、緑色ではなく、赤みを帯びている樹木も多くあります**。

これらの樹木では、赤みを帯びた葉っぱと葉っぱの間に、芽があります。その芽が、紫外線にさらされることから、赤い色素で守られているのです。

図　イロハモミジの越冬芽

図　イロハモミジの芽吹き

56

春咲きの球根を、冬に暖かい部屋で水栽培すると、どうなるでしょうか？

正解 C 春になっても、きれいでりっぱな花は咲かない

本書 **51**（148ページ）で紹介したように、秋植えのチューリップやヒヤシンス、スイセンなどは夏にツボミをつくっており、ツボミは、冬の低温を感じたあとに成長を始め、春に花を咲かせるのです。そのため、花壇で栽培する場合、秋に球根を植え、冬の寒さを感じさせるのです。

球根が室内で水栽培される場合でも、球根は冬の寒さを体感しなければなりません。秋から冬に水栽培を始めると、「冷たい水につけられて、寒い部屋に置かれているのは、かわいそうだ」と子どもたちから思われることがあります。

しかし、そう思って、**暖かい室内に置き続けると、球根は寒さを体感できないので、春になっても、きれいでりっぱな花は咲きません**。水栽培される球根は、「冬の寒さを体感させない」という温かい心遣いに感謝しつつも、迷惑がっているでしょう。

春に花を咲かせるために、球根の中につくられているツボミは、ある一定期間の低温を含めて、発育に必要な温度変化を、順序よく感受しなければなりません。植物の種類ごとに、ツボミの発育に必要な温度は異なりますが、それぞれの植物で、最も早く花を咲かせるための温度と日数が調べられています。たとえば、チューリップの場合、本書 **51**（149ページ）に示した通りです。

これを利用すれば、**ツボミをつくってから開花まで、最短で約25週間でチューリップの花を咲かすことができます**。「促成栽培」

は、これを利用したものであり、クリスマスに、鉢植えのチューリップの花を咲かすこともできます。「アイスチューリップ」といわれて、冬などに咲くチューリップも、これを利用したものです。

春咲きの球根類にとっては、冬は、寒さでかじかんでいるだけの季節ではなく、春にひと花咲かせるための試練を経験している季節です。春に地上に出て、花を咲かせるための踏切台となる時期なのです。

図　秋に咲くアイスチューリップ

57 春に、秋まきのコムギのタネをまくと、どうなるでしょうか？

正解 C　発芽し、成長するが、花が咲かない

コムギには、秋まき性と春まき性の品種があります。春まき性コムギは、春から初夏までにタネをまくと、夏に芽生えが成長し、秋までに結実します。

春に、春まき性の代わりに秋まき性のコムギのタネをまくと、発芽して生育はします。しかし、葉っぱがどんどん繁茂しても、花は咲きません。秋になっても、ツボミが形成されないのです。

秋まき性のコムギには、生育したあとにツボミを形成する条件として、芽生えの初期に低温を感受することが必要なのです。生育したあとにツボミを形成できるようになるための低温で、その低温を受けることは「春化」とよばれます。その低温処理は、「春化処理（バーナリゼーション）」とよばれます。

図　冬のあと、花をつけ始めたコムギ

自然の中では、冬の低温がこの役割を果たしています。**秋まき性のタネは、冬の低温を受けないと、昼と夜の長さに反応して、ツボミをつくらない**のです。

春化処理を必要とする植物は、主に3種類に大別されます。「越冬一年生植物」、「二年生植物」、「春咲きの多年生植物」とよばれるものです。これらの植物は、規則正しい生き方をしていくために、低温を一定期間、体感しなければなりません。ですから、低温を与えないと、茎が伸び、葉っぱが展開するばかりで、花は咲かないのです。

越冬一年生植物は、芽生えが冬の寒い時期を乗り越え、自然の中で春化処理を受けます。**秋まき性のコムギは、これに当たります**。二年生植物は、成長して大きくなった植物のからだが、冬期の低温を自然の中で感受します。春咲きの多年生植物は、花咲く前の冬、自然の中で、春化処理を受けます。

表　春化処理を必要とする植物

① **秋に発芽したあと芽生えが冬を越して春化処理を受け、翌年の初夏に結実する「越冬一年生植物」**
コムギ、オオムギ、ライムギ、ダイコン（下記写真）など

② **春に発芽し、成長した茎や葉が冬を越して春化処理を受け、翌年に開花、結実する「二年生植物」**
タマネギ、キャベツなど

③ **花が咲く前の冬に春化処理を受けている「春咲きの多年生植物」**
スミレ、サクラソウ、ナデシコなど

58 冬、夜中に走る電車の窓から、畑の中に明るく電灯がともるビニールハウスが見えることがあります。**なぜ、冬の夜に、電灯で照明される温室があるのでしょうか？**

A　夜も作業が行われている
B　昼の時間を長くし、夜を短くしている
C　昼と夜を逆転させている

（正解と解説は、168ページ）

59 夜間に電灯で照明を当て、温室の中を明るくして、野菜や草花を栽培するのは「電照栽培」といわれます。この**電照栽培で使うのに、何色の光が有効でしょうか？**

A　青色光
B　緑色光
C　赤色光

（正解と解説は、170ページ）

60 切り花は、夏の暑い室内に置かれたときより、冬の寒い室内に置かれたときの方が長持ちします。**なぜ、切り花は、冬の寒い室内で、長持ちするのでしょうか？**

A 部屋の温度が低いから
B 空気が乾燥しているから
C 暗い夜が長いから

（正解と解説は、172ページ）

図　生けられたスイセン

58 なぜ、冬の夜に、電灯で照明される温室があるのでしょうか？

正解 B 昼の時間を長くし、夜を短くしている

本書 **2**（18ページ）、**37**（112ページ）などで紹介したように、植物たちは、夜の長さに反応し、花を咲かせます。たとえば、キクは夜が長くなると、ツボミをつくり、花を咲かせる植物です。しかし、キクの花は、日本ではお祝いごとがあっても不幸なできごとがあっても必要ですから、1年中供給されなければなりません。

そこで、温室の中を電灯で明るくし、昼を長く夜を短くして、**キクに季節を誤解させる**のです。こうして長い夜を与えずに栽培すると、キクはいつまでもツボミをつくりません。電灯で照明するので「電照栽培」といわれます。

花の出荷日に合わせて、ツボミが成長して花が咲くように、電灯を消したり、夕方から黒いカーテンで覆ったりして、ツボミをつくるのに必要な長い夜を与えるのです。すると、ツボミができ、やがて花が咲きます。

たとえば、お正月用のキクの花を出荷するためには、品種にもよりますが、11月中旬まで、夜に電灯をつけたまま、温室で栽培します。そのあと、電灯を消して長い夜を与えると、お正月に間に合うように花が咲きます。

電照栽培は、刺身などに添えられる青ジソの葉を供給するためにも使われます。家庭菜園などでは、シソは春に発芽し、夏から秋にかけて、葉を次々とつくりだすので、その葉を利用できます。しかし、寒くなると、シソは寒さのために枯れます。そのため、1

年中、刺身に青ジソの葉を添えるためには、暖かい温室で栽培することが必要です。さらに、もう一つ、大切なことがあります。

この植物は、夏至を過ぎて昼が短くなり夜が長くなると、ツボミをつくって花を咲かせます。花が咲いたあとには、葉に含まれていた栄養がタネをつくるために使われ、秋には葉の緑の美しさを失います。

そのため、**緑々とした青ジソの葉っぱを1年中、手に入れるためには、温室の中でツボミをつくらせてはいけません**。温室で栽培する秋から冬は、夜が長くなります。ですから、放っておけば、ツボミができ、花が咲きます。そこで、寒さを避けて温室で栽培していても、長い夜を与えないように、夜に電灯で照明をする「電照栽培」が行われます。

図　キクの電照栽培をする畑(沖縄県)

写真：時事通信フォト

59 電照栽培で使うのに、何色の光が有効でしょうか？

正解 C 赤色光

電照栽培では、夜間を通して電灯で照明をすると電気代が高くつきます。そこで、電気代を節約するために、次のような三つの方法が考えられています。

たとえば、前問で紹介した**シソの場合、品種によりますが、ツボミをつくるのは夜が約10時間以上のとき**です。そこで、夜の長さが10時間より短くなるように電灯照明をします。

たとえば、一つ目の方法は、夕方暗くなったあと、5～6時間、電灯照明をして、夜を10時間より短くすることです。これだと夜の間ずっと電灯照明をするより電気代を節約できます。

二つ目は、夜の暗い間に、1時間ごとに約15分の電灯照明を間欠的に与える方法です。ツボミをつくるには、一定時間の暗闇が連続していることが必要です。そこで夜の暗闇をこまめに中断するのです。

三つ目は、長い夜の真ん中に1回だけ約1時間の電灯照射をする方法です。暗い夜を光で中断するので「光中断」といわれます。シソに限らず、植物は葉っぱで夜を感じますが、光中断で与えられる光の効果は、時間帯によって異なります。**夜のはじまりや終わりよりも、夜の真ん中に与えられる光が最も有効なのです**。

たとえば、夜の暗い時期の長さを16時間とした場合、夜のはじまりから2～4時間後に1時間の光で光中断をしてもあまり効果がありません。ところが、夜中の真ん中に当たる約8時間後に

1時間の光を与えると、夜の効果がまったく消えてしまいます。つまり、ツボミはできません。8時間目を過ぎると、光中断の光の効果は弱くなります。

光中断に使われる光の色も、夜の効果を打ち消す作用に影響します。青色光や緑色光よりも赤色光の効果が強いのです。シソの品種や光の強さにもよりますが、**実験では、夜中の真ん中に1回、十数分間ほど赤い光を照射するだけで、16時間の夜の効果が完全に消失し、ツボミができるのを防ぐことができます**。

近年は、植物工場などでも、発光ダイオードが普及しており照明に利用されています。発光ダイオードはエネルギーを節約でき、効果の高い赤色光だけを照射することができるので、今後、光中断にも利用されていくでしょう。

図　シソの栽培と光中断

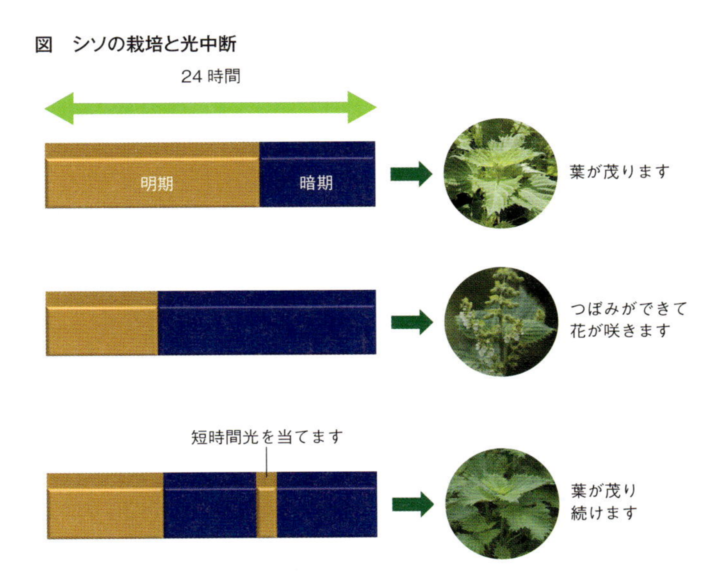

60

なぜ、切り花は、冬の寒い室内で、長持ちするのでしょうか？

正解 *A* 部屋の温度が低いから

切り花が置かれている部屋の温度は、切り花の寿命に影響します。なぜなら、切り花が呼吸をしているからです。呼吸には、エネルギーを使います。

温度が高いほど呼吸は激しくなり、花の老化が促されます。ですから、温度を低くすると、呼吸が抑制され、花の老化の速度が遅れ、花の寿命は長くなります。

たとえば、右ページの図のように、同じ日に開いた花を、10℃、15℃、20℃、25℃の部屋に置いておくと、温度が低い部屋に置かれたものほど、元気で長持ちします。

ですから、夏なら、冷房していない部屋より、冷房している部屋に置かれる切り花は長持ちします。**冬なら、暖房していない部屋に置けば、暖房している部屋に置かれるより、切り花は長持ち**します。

また、温度が上がったり下がったりするのも、切り花の寿命を縮めます。この知見は、最近の切り花の輸送に生かされています。

従来の切り花は、箱詰めされ、低温の運搬車で輸送されていました。すでに開花している花が、冷たい真っ暗な箱の中で、元気になるはずはなく、弱ってしまうのは避けられません。

そして、花屋さんに並べるときには、暗い低温から光の当たる高い温度下に移され、ツボミが急激に開花します。このような急激な環境の変化を受けた花の寿命は、短くなります。

そこで、新しい輸送方法では、ツボミでも開花している花でも、切り花を水が入った容器につけたまま、温度を変えずに輸送します。真っ暗にせずに照明器具で光を当てれば、切り花の寿命がさらに長くなります。近年、熱を発生しない発光ダイオードで照明できることで、可能になった方法です。

この方式で輸送されると、従来は、**花を長持ちさせる栄養剤を与える工夫をしても7〜10日程度しか持たなかった切り花の商品の寿命が、10〜14日程度に伸びる**といわれます。

図　切り花の寿命に対する温度の効果

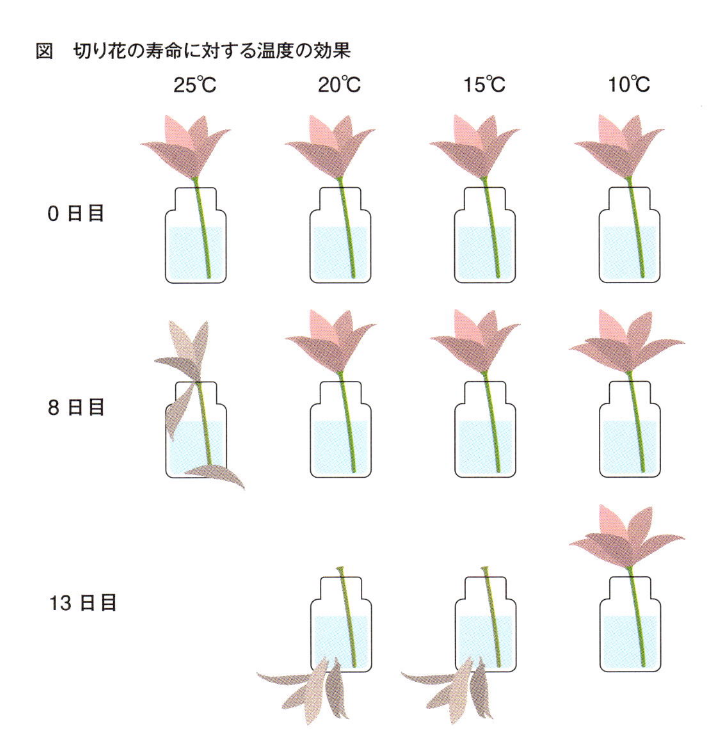

61 切り花を長持ちさせるには、いろいろな方法があります。次の中で、**切り花を長持ちさせるのに、適さない方法はどれでしょうか？**

A 水揚げ
B 水切り
C 切り戻し
D 湯揚げ
E さし水

（正解と解説は、176ページ）

62 水盤や花瓶などの花器に水を入れ、切り花を生けることはよく行われています。この**切り花を長持ちさせるために、水に何を加えたらよいでしょうか？**

A 窒素、リン酸、カリウムの三大肥料
B カルシウムやマグネシウムなどのミネラル
C ブドウ糖やショ糖などの糖分

（正解と解説は、178ページ）

63 日本では、「夏の湿気の多さも、冬の湿気の少なさも、あまり得意ではない」という人が多いでしょう。さて、植物たちにとって、大気中の**昼間の湿度が高いと、光合成の速度はどうなるでしょうか？**

A 湿度に影響されない
B 湿度が高いと、光合成の速度は上がる
C 湿度が高いと、光合成の速度は下がる

（正解と解説は、180ページ）

61

切り花を長持ちさせるのに、適さない方法はどれでしょうか？

正解 ***E*** さし水

切り花の寿命を伸ばすためにいろいろな方法があります。切り花がイキイキと長生きするためには、水が切り口から花に上がってこなければなりません。切り口から入った水が茎の中を通るのは、本書 22（72ページ）で紹介した道管という細い管の中です。**水がこの管の中を上がってくるためには、その水がつながっていることが大切です**。

花やそのそばにある葉が水を引き上げますが、もし水のつながりが切れると、上から引っ張っても水は上がりにくくなります。この「水揚げ」が悪くなると、切り花は長持ちしません。

そこで、「切り花にするために茎を切るときは、水の中で切る」というのが大切です。**空気中で茎を切ると、茎の中に空気が入って、道管の中の水のつながりが切れることがある**のです。そこで、つながりが切れるのを避けるため、水の中で茎を切ります。

そうすれば、切り口から空気が入らないので水のつながりが切れず、水揚げがスムーズになり、切り花が長持ちします。これは、「水切り」ともいわれます。

1～数日に1度、茎の基部を水につけて、茎を少し切りなおすのは「切り戻し」といわれます。これは、**茎の切り口を清潔にして水を吸い上げやすくします**。植物の栽培では、茂りすぎた枝や花茎などを切り詰めて姿を整えるのにも使われます。

「湯揚げ」は、水揚げの一つの方法で、花を紙などで覆い、**茎**

の切り口を沸騰したお湯に数十秒間つけて、茎の中の空気を追い出し、そのあと、すぐに水につける方法です。

「さし水」は、「びっくり水」ともいわれ、料理などに使われる語です。沸騰したお湯をいったん鎮めるため、冷水を加えることをいいます。生け花でも、水が不足すれば、さし水で水を追加するのもいいのではないかとも思われますが、これはしてはいけません。切り花を長持ちさせるために、「花を生ける器を清潔にして、水替えをこまめにするのがいい」といわれます。花を生ける器に微生物が繁殖すると、水を吸い上げる茎の切り口がふさがり、水揚げが悪くなることを心配したものです。**生け花では、さし水をせず、水をこまめに替えるのがいい**のです。

図　切り花を長持ちさせる「言い伝え」

漂白剤を花器の水に

十円玉を花器に

切り花の切り口をごく短時間、
焼いたり、醤油で煮たりします

切り花の切り口を短時間、
酢やアルコールにつけます

62 切り花を長持ちさせるために、水に何を加えたらよいでしょうか？

正解 C ブドウ糖やショ糖などの糖分

花は呼吸をしてエネルギーを使うので、呼吸のために必要な物質が必要です。それは、ブドウ糖やショ糖などの糖分です。これらは、葉っぱに光が当たると光合成でつくられる物質です。

ところが、多くの場合、切り花にはほとんど葉っぱはありません。たとえ葉っぱがついていても、枚数はわずかです。また、小さい葉です。そして、切り花は光が弱い室内に置かれます。そのため、**わずかな光合成しかできません**。

エネルギー源となる糖分がつくられないと、植物がイキイキと生きることはできません。そこで、エネルギー源となる糖分を与えると、花は長持ちします。水に少し糖分を加えて花に吸収させると、花は元気に長生きします。

図　切り花の例

切り花には葉っぱが少なく、わずかな光合成しかできません。写真はアネモネ

ただ、どのくらいの濃度の糖分を水に加えたらいいかは、むずかしい問題です。**糖分は花の呼吸に役立つと同時に、細菌の増殖を促す**からです。カビが生えて、道管をふさがれることもあります。目安としては、約5倍に薄めた清涼飲料水が花を長持ちさせるとか、

1パーセントの糖分の濃度が有効だとかいわれます。しかし、これらの目安が、すべての植物の切り花には通用しないので、むずかしいのです。

糖分とともに、細菌の繁殖を抑える殺菌剤を同時に与えるのも、一つの方法です。この場合、殺菌剤が強すぎると花の寿命を短くしますから、その濃度も殺菌剤の種類により、試行錯誤しなければなりません。

図　花の大きさ・色、寿命に対する糖分の効果

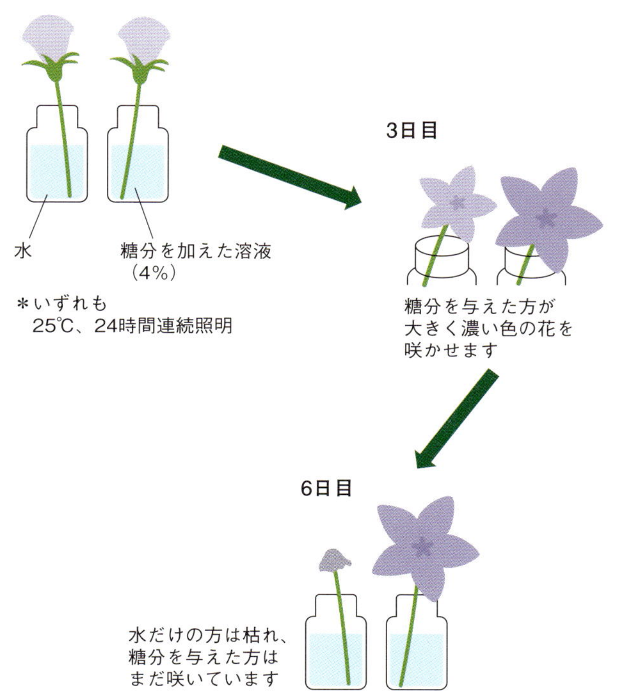

冬の章

63 昼間の湿度が高いと、光合成の速度はどうなるでしょうか？

正解 *B* 湿度が高いと、光合成の速度は上がる

高い湿度は、光合成の速度を高めます。そのため、植物の成長も促します。たとえば、イネの芽生えを、湿度の高い湿った条件で育てた場合と、乾燥した条件で育てた場合を比較します。

すると、**湿った条件の方が、植物の成長は確実に良くなります**。植物の背丈はよく伸び、葉の数は増え、葉の面積は大きくなります。もちろん、植物体の重さもよく増加します。

なぜ、高い湿度がこのように、植物たちの成長に影響するのでしょうか。それは、植物たちが、昼間、水の不足と戦いながら、光合成をしていることに基づいています。

湿度は、蒸散で葉っぱから出ていく水の量に影響します。カラカラに乾燥した空気の中より、湿った空気の中の方が、蒸散する水の量は少なくなります。ですから、**湿った空気の中では、植物たちは、安心して気孔を大きく開けられます**。気孔が大きく開けば、二酸化炭素が多く取り込まれます。そのため、湿った空気の中では、光合成が盛んになり、成長が良くなるのです。

「気孔を大きく開けたら、水が多く蒸散し、葉っぱが水不足になるのではないか」との疑問が浮かぶかもしれません。たしかに、気孔が大きく開けば、蒸散する水の量は増えます。しかし、蒸散する水の量は、気孔の開く大きさよりも、空気の湿度に強く依存します。

空気は水蒸気を含みますが、含むことができる量には限りがあ

ります。空気が含めるだけ、いっぱいに含んだときの水蒸気の量は、「飽和水蒸気量」とよばれます。

蒸散する水の量は、飽和水蒸気量と、空気に実際に含まれている水蒸気量の差によって決まります。その差は「飽差」とよばれます。飽差が大きければ、蒸散する水の量は多く、飽差が小さければ、蒸散する水の量は少なくなります。

湿度が高いときには、飽差が小さくなります。だから、あまり蒸散はおこりません。そのため、気孔は開いていても、湿度が高ければ、蒸散量は少なくなります。

逆に、**湿度が低ければ、飽差は大きくなり、蒸散は激しくおこります**。気孔があまり開いていなくても、湿度が低ければ、蒸散量は多くなります。洗濯物は、湿度が低ければ、早く乾き、湿った空気の中では、乾くのに時間がかかるのと同じ理屈です。

湿度は、葉っぱから蒸散する水の量を通して、植物のからだにある水の量に影響を与え、光合成の速度に影響するのです。

表　25℃（飽和水蒸気量23.0g/m³）のときの湿度と飽差

湿度 (%)	実際に含まれる水蒸気量 (g/m³)	飽差 (g/m³)
50	11.5	11.5
60	13.8	9.2
70	16.1	6.9
80	18.4	4.6
90	20.7	2.3

64 昼間の高い湿度は、植物の光合成を盛んにしますが、夜には光合成が行われません。**夜間の湿度が高いと、植物の成長はどうなるでしょうか？**

A 夜の湿度は、光合成に影響しないので、成長に影響しない
B 夜の高い湿度は、朝の光合成を阻害するので、植物の成長に悪い影響を与える
C 夜の高い湿度は、朝の光合成を促進するので、植物の成長に良い影響を与える

（正解と解説は、184ページ）

65 樹木の幹を横に切断すると、その断面には、同心円状の輪が見られます。これは、「年輪」とよばれます。**どのようにして、年輪はできるのでしょうか？**

A 毎年春に新しい樹皮がつくられた跡にできる
B 夏から秋にかけて、あまり成長しなかった跡にできる
C 冬の寒さで凍った跡にできる

（正解と解説は、186ページ）

66 最近は聞かなくなりましたが、いち早く入学試験の合否を知らせてもらうために、電報を利用する時代がありました。合格のときの文面は「サクラ　サク」などがお決まりでした。一方、不幸にも、合格しなかったときによく使われた文面があります。**入学試験の不合格を知らせる電報文は、どれでしょうか？**

A「サクラ　チル」
B「サクラ　サカズ」
C「ツボミ　カタシ」

（正解と解説は、188ページ）

図　ソメイヨシノの花とツボミ

64

夜間の湿度が高いと、植物の成長はどうなるでしょうか？

正解 C　夜の高い湿度は、朝の光合成を促進するので、植物の成長に良い影響を与える

前問で紹介された昼間の湿度と同じように、夜の湿度も、植物の成長には大切です。夜の湿度が植物の成長におよぼす影響は、昼の湿度に比べれば小さいものです。しかし、その影響を目に見ることができます。

植物を、昼間、75パーセントの湿度で育てます。夜には、二つのグループに分け、一方は高い湿度（90パーセント）で、他方は低い湿度（60パーセント）で過ごさせます。毎日、この処理を繰り返すと、10日も経てば、目に見えて成長に差が出てきます。夜を高い湿度で過ごすグループの植物は、低い湿度で過ごすグループの植物より、背丈が高く、葉の面積、葉の数も増加し、重量も重くなります。根もよく発達します。

夜を高い湿度の空気の中で過ごすか、乾燥した低い湿度の中で過ごすかにより、朝を迎えた植物の葉に含まれる水の量は、かなり異なります。**夜を高い湿度の中で過ごした植物は、夜を乾燥した中で過ごした植物に比べて、葉に多くの水を含んでいます**。この状態の違いが、朝から始まる光合成に影響を与えます。

植物は、朝になると、太陽の光を受けて、光合成を始めます。夜を乾燥した低い湿度で過ごした植物と高い湿度で過ごした植物では、光合成のはじまりの速度はほぼ同じです。しかし、低い湿度で過ごした植物の光合成の速度は、早くに低下してしまい

ます。一方、夜を高い湿度の中で過ごした植物の光合成の速度は、高いまま維持されます。

同じ温度と光の強さのもとで、光合成の速度が早く低下するのは、葉に含まれる水の量が不足してきた兆候です。朝の光を受け、光合成が始まれば、二酸化炭素を取り込むために、気孔が開きます。そのため、葉から蒸散で、水が逃げ出します。

高い湿度の夜を過ごした植物は、葉に水をいっぱい含んでいます。一方、夜を乾燥した条件で過ごした植物は、水をあまり含んでいません。だから、同じように光合成を始めても、水が早くに不足し始めるのです。**水が不足すると気孔が閉じるため、二酸化炭素を取り込む量が減り、光合成の速度は低下してしまう**のです。

そのため、夜の湿度は、植物の成長に影響をおよぼします。

図　イチゴの溢水（いっすい）現象

夜に多くの水を吸収した葉から、朝に、水があふれ出ています

65

どのようにして、年輪はできるのでしょうか？

正解 **B** 夏から秋にかけて、あまり成長しなかった跡にできる

樹木の幹の切断面には、輪状の縞模様ができています。これは、樹木が年月をかけて肥大してきた足跡です。

幹には、樹皮の内側に形成層とよばれる部分があります。幹を切断した横断面では、中心近くに木質化した部分があり、その外側に、形成層が輪状になっています。この部分が細胞を盛んにつくりだして、幹は肥大するのです。形成層は常に、本質化した部分の外側に位置しますから、つくられた細胞は内側に残されていきます。内側につくられる細胞の大きさや性質は、季節により異なります。

春から夏にかけてつくられた細胞は、形が大きく、その細胞を取り囲む細胞壁が薄く、白っぽく見えます。それとは逆に、夏の終わりから秋にかけて、つくられる細胞は、形が小さく、細胞壁は厚く、黒っぽい色をしています。

図　切り株で見える年輪

毎年、季節ごとにつくられる細胞が、幹の内部で、輪状に縞模様をつくります。これが、「年輪」とよばれるものです。**年輪の幅が広いところが、春から夏にかけてつくられた成長の良いときの大きな細胞であり、年輪の幅が狭いところが、夏の終わりから秋にかけてつくられた成長の良くないときの小さな細胞**です。樹木がよく成長する季節には、年輪の幅が広くなります。

1本の樹木では、葉っぱや枝の成長は、暖かい日差しの当たる南側では良く、陰にある北側では、成長が良くありません。そのため、「年輪は、1本の木の幹の南側で幅が広く、幹の北側で幅が狭い」と考えられることがあります。しかし、実際に、樹木の年輪の幅が調べられると、このようにはなっていません。**1本の木の幹の年輪に、南側と北側の葉っぱや枝の成長の違いは現れてこない**のです。

図　年輪

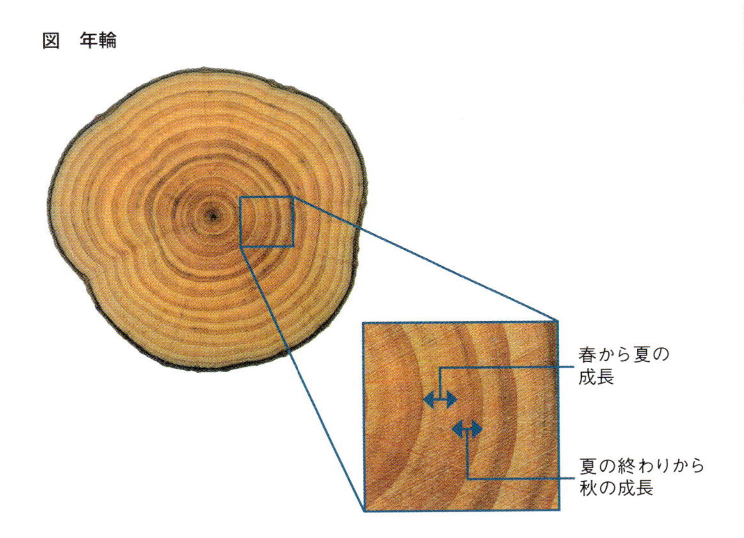

66 入学試験の不合格を知らせる電報文は、どれでしょうか？

正解 *A* 「サクラ　チル」

サクラは花を咲かせる春にもてはやされますが、そのはなやかな開花の陰には、1年がかりの努力があるのです。

サクラは、本書 **4** (24ページ) で示したように、夏にツボミをつくり、秋には、本書 **44** (130ページ) で紹介したように、そのツボミを越冬芽に包み込みます。

そして、本書 **54** (156ページ) で説明した通り、冬の寒さを受けて、アブシシン酸を分解し、春の暖かさを感じ、ジベレリンの力を借りて開花を迎えるのです。

サクラの開花が1年がかりの努力の賜物であることを考えると、入学試験の合格を知らせる電報文が「サクラ　サク」であるというのは、的を射ています。この短い言葉には、**花を咲かせるサクラの努力と同じように、「合格するための努力が実りましたよ」という意味が込められているはず**です。

それに対して、不幸にも合格しなかった場合には、「サクラ　チル」が使われていました。この言葉に、「花が咲いてもいないのに、散るはずがない」と考えるのは、理屈っぽすぎるかもしれません。

でも、「サクラ　サカズ」とか、「ツボミ　カタシ」の方が、不合格には、ふさわしい電文と思われます。1字増えるだけなので、電報料金もそんなに変わらなかったはずです。

サクラ チル
サクラ サカズ
ツボミ カタシ

《参考文献》

A.C.Leopold & P.E.Kriedemann"Plant Growth and Development"2nd ed.(McGraw-Hill Book Company,1975)

A.W.Galston"Life processes of plants"(Scientific American Library,1994)

滝本 敦/著『ひかりと植物』(大日本図書、1973年)

田中 修/著『緑のつぶやき』(青山社、1998年)

田中 修/著『つぼみたちの生涯』(中公新書、2000年)

田中 修/著『ふしぎの植物学』(中公新書、2003年)

田中 修/著『クイズ植物入門』(ブルーバックス、2005年)

田中 修/著『入門たのしい植物学』(ブルーバックス、2007年)

田中 修/著『雑草のはなし』(中公新書、2007年)

田中 修/著『葉っぱのふしぎ』(サイエンス・アイ新書、2008年)

田中 修/著『都会の花と木』(中公新書、2009年)

田中 修/著『花のふしぎ100』(サイエンス・アイ新書、2009年)

田中 修/著『植物はすごい』(中公新書、2012年)

田中 修/著『タネのふしぎ』(サイエンス・アイ新書、2012年)

田中 修/著『フルーツひとつばなし』(講談社現代新書、2013年)

田中 修/著『植物のあっぱれな生き方』(幻冬舎新書、2013年)

田中 修/著『植物は命がけ』(中公文庫、2014年)

田中 修/著『植物は人類最強の相棒である』(PHP新書、2014年)

田中 修/著『植物の不思議なパワー』(NHK出版、2015年)

田中 修/著『植物はすごい　七不思議篇』(中公新書、2015年)

田中 修/著『植物学「超」入門』(サイエンス・アイ新書、2016年)

田中 修/著『ありがたい植物』(幻冬舎新書、2016年)

田中 修/著『植物のかしこい生き方』(SB新書、2018年)

田中 修/著『植物のひみつ』(中公新書、2018年)

田中 修/監修、ABCラジオ「おはようパーソナリティ道上洋三です」/編『花と緑のふしぎ』(神戸新聞総合出版センター、2008年)

古谷雅樹/著『植物的生命像』(ブルーバックス、1990年)

古谷雅樹/著『植物は何を見ているか』(岩波ジュニア新書、2002年)

増田芳雄/著『植物生理学』(培風館、1988年)

索引

あ

か

さ

た

な

は

ま

や

ら

science·i

サイエンス・アイ新書

SIS-433

https://sciencei.sbcr.jp/

植物の生きる「しくみ」にまつわる66題

はじまりから終活まで、クイズで納得の生き方

2019年6月25日　初版第1刷発行

著　　者　田中 修

発 行 者　小川 淳

発 行 所　SBクリエイティブ株式会社

〒106-0032　東京都港区六本木2-4-5

電話：03-5549-1201（営業部）

装　　丁　渡辺 縁

組　　版　クニメディア株式会社

印刷・製本　株式会社シナノ パブリッシング プレス

ISBN 978-4-8156-0144-7

SB Creative